Barbara Eder
Existenzgründung für Frauen

Barbara Eder

# Existenzgründung für Frauen

Die Entscheidungshilfe
für einen erfolgreichen Start

4., aktualisierte Auflage

**Bibliografische Information der Deutschen Nationalbibliothek**

Die Deutsche Nationalbibliothek verzeichnet diese Publikation in der Deutschen Nationalbibliografie; detaillierte bibliografische Daten sind im Internet über http://dnb.ddb.de abrufbar.

ISBN 978-3-86910-771-4 (Print)
ISBN 978-3-86910-791-2 (PDF)
ISBN 978-3-86910-792-9 (EPUB)

Die Autorin: Barbara Eder war in der Kreditabteilung einer Großbank im In- und Ausland sowie in der Industrie tätig. Seit 1997 ist sie selbstständig als systemische Beraterin, Existenzgründungsberaterin und Trainerin im Bereich Selbst-Management. Sie lebt in Schondorf am Ammersee.

4., aktualisierte Auflage

© 2010, 2012 humboldt
Eine Marke der Schlüterschen Verlagsgesellschaft mbH & Co. KG,
Hans-Böckler-Allee 7, 30173 Hannover
www.schluetersche.de
www.humboldt.de

Covergestaltung: DSP Zeitgeist GmbH, Ettlingen
Innengestaltung: akuSatz Andrea Kunkel, Stuttgart
Titelfoto:       Getty Images / Somos / Veer
Satz:            PER Medien+Marketing GmbH, Braunschweig
Druck:           Grafisches Centrum Cuno GmbH & Co. KG, Calbe

Hergestellt in Deutschland.
Gedruckt auf Papier aus nachhaltiger Forstwirtschaft.

# Inhalt

# Vorwort

Liebe Leserin,

als ich um eine dritte Auflage von *Existenzgründung für Frauen* gebeten wurde, habe ich wie bei der zweiten Auflage überlegt, ob es immer noch notwendig ist, ein Existenzgründungsbuch speziell für Frauen zu schreiben. Und ich bin wieder zu der Überzeugung gekommen, dass es sehr sinnvoll ist, auch wenn sich erneut einiges geändert hat. Vieles ist auch gleich geblieben, nach wie vor finden sich Hürden und Stolpersteine, die Frauen den Weg in die eigene berufliche Existenz schwer machen. Positiv zu werten sind die in meinen Augen recht großzügigen Unterstützungen durch staatliche Stellen, die Frauen wirklich weiterhelfen, z. B. der Gründungszuschuss bei Arbeitslosigkeit, günstiges Coaching, es gibt mehr Wettbewerbe, bei denen man sein Konzept überprüfen lassen kann. Seminare und Kursangebote – z. B. für den „berühmt-berüchtigten Businessplan", ohne den Sie weder vom Arbeitsamt noch von den Banken Geld erhalten – sind ebenfalls sehr hilfreich. Viele aktuelle Informationen gibt es auch im Internet, Näheres finden Sie im Anhang.

Nach wie vor schwierig ist für viele Frauen die Vereinbarkeit von Familie und Beruf. Die Öffnungszeiten in den heiß begehrten Kinderkrippen sind oft nur in den Großstädten akzeptabel und nicht alle Frauen wollen ihre Kinder so früh so lange weggeben und von Fremden betreuen lassen. Die Gespräche mit den Banken sind durch die Krise nicht einfacher geworden, das trifft allerdings auch für die Männer zu.

Der Trend zu „frauenspezifischen Berufen", die ihnen dann kaum Karrieremöglichkeiten bieten, besteht nach wie vor; immer noch stecken viele Frauen zurück, wenn es um die Durchsetzung und Verwirklichung der eigenen Ziele und Wünsche geht, wobei der derzeitige Arbeitsmarkt nicht gerade zu mutigen Entscheidungen herausfordert.

Ich beobachte auch vermehrt ältere Frauen, die noch einmal neu starten wollen, sei es, weil sie ihren Arbeitsplatz verloren haben – oft durch Mobbing – und „nicht mehr vermittelbar" sind oder die einfach Lust auf etwas Neues, ganz anderes haben und das ausprobieren wollen.

Für alle diese Frauen – und auch alle anderen, die einfach nur kurz und knapp umfassende Informationen suchen – habe ich dieses Buch geschrieben und darin meine Erfahrungen aus meiner Berufstätigkeit bei Bank und Industrie, aus den vielen Beratungsgesprächen, die ich mit Frauen und Männern geführt habe, aus Seminaren, die ich geleitet habe, aber auch aus der persönlichen Erfahrung mit meinen inzwischen erwachsenen Kindern und meiner Berufstätigkeit, zusammengefasst.

Die Antwort auf die Frage: „Wieso extra ein Existenzgründungsbuch für Frauen?" lautet für mich daher ganz einfach: Wieso nicht?

Selbstständigkeit als Lebensphilosophie! Endlich meine eigene Chefin sein! Die eigenen Ideen verwirklichen! Davon träumen viele Frauen und wagen den mutigen Schritt: Etwa jedes dritte Unternehmen wird von einer Frau gegründet – mit steigender Tendenz.

Liebe Leserin, sicher träumen auch Sie dann und wann von einem eigenen Geschäft, davon, eigene Ideen umzusetzen und auf dem Markt zu verkaufen. Leider ist heutzutage oft auch Arbeitslosigkeit ein Grund, sich selbstständig zu machen. Vom Staat wird das durch Zuschüsse und vergünstigte Kredite gefördert (näheres im Abschnitt „Öffentliche Fördermittel").

Wie aber machen Sie sich selbstständig? Welche persönlichen und beruflichen Voraussetzungen müssen Sie erfüllen, um eine erfolgreiche Unternehmerin, eine zufriedene Freelancerin zu werden? Was alles gilt es in wirtschaftlicher Hinsicht zu bedenken? Welche Möglichkeiten der Finanzierung gibt es, auch wenn Sie keine oder kaum Sicherheiten vorzuweisen haben?

Dass man als Frau „zur Unternehmerin geboren" sein müsse, stimmt nicht. Nahezu alle Fähigkeiten, die für eine selbstständige berufliche Tätigkeit erforderlich sind, können Sie durch gezielte Weiterbildung und gründliche Beratung erwerben. Wichtig ist, dass es „Ihr Ding", Ihre Idee ist: Sie müssen das, was Sie tun wollen, wirklich wollen.

Um es mit dem heiligen Augustinus zu sagen: „In dir muss brennen, was du in anderen entzünden willst."

Was gehört nun dazu?

Neben der guten Geschäftsidee und einem gut durchdachten Konzept brauchen Sie immer fachliches Know-how und Berufspraxis sowie rechtliches, steuerliches und wirtschaftliches Grundwissen. Zunehmend wichtiger werden auch die persönlichen oder psychosozialen Eigenschaften wie etwa Mut, Selbstbewusstsein, Durchsetzungs- und Abgrenzungsvermögen, Zielstrebigkeit, Ehrgeiz, Disziplin, Risikofreude, zielorientiertes und strategisches Handeln – und nicht zuletzt Humor! Humor hilft Ihnen, wenn mal wieder alles danebengeht, nichts so läuft, wie Sie es gerne hätten. Wichtig ist auch, dass Sie sich selbst gut darstellen, Ihr Anliegen „rüberbringen" können. Sie müssen sich gut „verkaufen" – das heißt ja nicht: sich anbiedern. Manches müssen Sie vielleicht erst (wieder) lernen, aber es lohnt sich!

Dieses Buch richtet sich an alle Frauen, die überlegen, sich beruflich selbstständig zu machen. Frauen mit Kindern sind ebenso angesprochen wie Berufsrückkehrerinnen oder Frauen, deren Arbeitsplatz bedroht oder bereits weggefallen ist, ältere Frauen, die es noch einmal wissen wollen, ebenso wie solche, die sich zunächst nur mit einer Teilzeitgründung selbstständig machen wollen. Auch wenn Sie gerade Ihre Lehre oder Ihr Studium abgeschlossen haben, finden Sie hier fundierte Informationen und nützliche Tipps.

Damit Sie von Anfang an alles richtig machen und möglichst wenig Zeit und Geld verlieren, vermittelt es Strategien zur sorgfältigen persönlichen und wirtschaftlichen Planung und das erforderliche betriebswirtschaftliche Know-how.

Checklisten zu den entstehenden Kosten, zur richtigen Standortwahl, Informationen über Rechtsformen, Franchising sowie Tipps zum Familienmanagement und dem so wichtigen Gespräch mit Banken und anderen Geldgebern helfen Ihnen dabei, kompetent und sicher aufzutreten. Es gibt ein eigenes Kapitel mit Informationen und Tipps zum Erstellen des berühmten „Businessplans". Selbst wenn Sie kein Geld von Banken benötigen, halte ich die Erstellung eines Businessplans für unbedingt erforderlich, weil Sie nur so überprüfen können, ob Sie Geld verdienen oder draufzahlen werden.

Ein ausführliches Kapitel über die öffentlichen Fördermittel von Bund und Ländern zeigt Möglichkeiten auf, wie Sie auch mit geringem Kapitaleinsatz zu einer erfolgreichen Existenzgründung kommen können. Wie Sie erfolgreich „netzwerken", vielleicht ein eigenes Netzwerk aufbauen und erfolgreich kooperieren, erfahren Sie ebenfalls in einem eigenen Kapitel.

Im Anhang finden Sie zahlreiche Links zu virtuellen und reellen Netzwerken, Informationen zur Existenzgründung und Links wichtiger Fachverbände zu Ihrer Unterstützung.

Dieses Buch möchte Ihnen vor allem Mut machen, sich mit Ihrer Idee − und sei sie am Anfang noch so verrückt und scheinbar nicht zu verwirklichen − auseinanderzusetzen. Lesen Sie auch die sehr unterschiedlichen persönlichen Erfahrungsberichte von Frauen, die sich in einer ähnlichen Situation befunden haben oder gerade darin befinden. Alle berichten offen über ihre Schwierigkeiten, aber auch über ihre Erfolge und wie sie die auftretenden Probleme gemeistert haben. Ilka Bickmann von der bga (bundesweiten Gründerinnenagentur) berichtet, dass Frauen im Vergleich zu den Männern zu wenig fordernd seien. „Frauen präsentieren sich oft nicht richtig", berichtet Bickmann, „ihnen fehlt es oft an dem nötigen Selbstbewusstsein." Trotz einer ähnlichen Ausbildung stuften sich Frauen in ihren fachlichen und persönlichen Fähigkeiten deutlich schwächer ein als Männer. „Selbstbewusstsein ist aber wichtig, nicht zuletzt in Verhandlungen mit Banken über einen Kredit für die Existenzgründung." Auch Werner Arndt vom Münchener Business Plan Wettbewerb und Mitgestalter des Female Entrepreneur Kongresses in München berichtet Ähnliches. Immer wieder erfährt er von Banken, Sparkassen und Kapitalgebern, „dass Frauen zu wenig fordernd auftreten": „Da entsteht der Eindruck, die Frauen gehen schon von vornherein davon aus, dass sie schlechte Karten haben. Sie blockieren sich damit selbst." (Quelle: www.n-tv.de/ratgeber/jobkarriere/ Wenn-Frauen-gruenden-article257229.html)

Um diesen Eindruck zu ändern, sollten Sie sich mit Ihren Stärken und Schwächen beschäftigen und bei Bedarf daran arbeiten. Aber alles hat seine Grenzen: Für wen Buchhaltung ein Buch mit sieben Siegeln ist, die tut gut daran, das abzugeben, z. B. an eine Wiedereinsteigerin, die sich damit in Teilzeit selbstständig gemacht hat, statt viele wertvolle Stunden damit zu verbringen; die können Sie anders nutzen. Einen persönlichen Coach, eine Trainerin oder Mentorin kann dieses Buch natürlich nicht ersetzen, aber es kann Sie mit zahlreichen Tipps dabei unterstützen, die für Sie richtige Entscheidung zu treffen.

Ich wünsche Ihnen viel Erfolg bei der Gründung Ihres Unternehmens!

Ihre
Barbara Eder

# Frauen gründen anders?

Es stimmt! Frauen gründen immer noch anders als Männer. Sie gründen kleiner; sie gründen – vor allem, wenn sie Familie haben – später, oder aber sie gründen mit noch ganz kleinen Kindern; sie gründen mit weniger Geld – aber mit viel Fantasie, Engagement und tollen Ideen. Viele Frauen gründen auch, um sich einen Lebenstraum zu erfüllen. Sie sind kreative Zeitkünstlerinnen, Organisationsgenies und nicht zuletzt verlässliche Partnerinnen und, bei aller Beanspruchung als Unternehmerin, verantwortungsbewusste und liebevolle Partnerinnen und Mütter.

## Frauen gründen: Daten und Fakten

Das Zahlenmaterial zu Gründerinnen ist inzwischen recht umfangreich dank der bundesweiten Gründerinnenagentur (bga) – dieses Gemeinschaftsprojekt der Bundesministerien für Wirtschaft, für Forschung sowie für Familie unterstützt und begleitet gezielt Frauen auf ihrem Weg in die Selbstständigkeit – und der Kreditanstalt für Wiederaufbau (KfW).
Die ermittelten Daten bzw. Angaben des Statistischen Bundesamtes werden in Übersichten oder Gründermonitoren auf den entsprechenden Websites zur Verfügung gestellt. Demzufolge stellen Gründerinnen mit 45 Prozent knapp die Hälfte aller Erwerbstätigen, aber mit 31 Prozent nach wie vor nur knapp ein Drittel aller Selbstständigen. Dies bestätigt auch eine Untersuchung des Instituts zur Zukunft der

Arbeit (IZA) Bonn. 1970 und 1980 waren es noch 20 Prozent, in den Neunzigerjahren rund ein Viertel. Frauen sind bei Unternehmensgründungen immer noch unterrepräsentiert, sie schätzen ihre Erfolgschancen geringer ein und sind auch weniger risikobereit als Männer (Quelle: *Süddeutsche Zeitung* 24.3.2010). Trotzdem haben sich die Zahlen verbessert: „Zwischen 1996 und 2006 stieg die Zahl der selbstständigen Frauen um 350 000 auf fast 1,3 Mio.". (Quelle: *GründerZeiten* Nr. 2, aktualisierte Ausgabe April 2008)

Im Jahr 2006 waren über die Hälfte aller weiblichen Gründungen sog. Nebenerwerbsgründungen, oft in Kombination mit einer Festanstellung (Quelle: KfW-Gründungsmonitor 2007), die eine Vereinbarkeit von Familie und Beruf ermöglichen und später die Chance zur vollen Selbstständigkeit bieten. Der „Gendermonitor Existenzgründung 2006 des Statistischen Bundesamtes" wird noch deutlicher: Er besagt, im Jahr 2005 seien rund zwei Drittel Nebenerwerbstätigkeiten. Leider liegen noch keine aktuelleren Zahlen vor.

Dank der KfW gibt es ein Angebot an Finanzierungsprodukten – z. B. Mikro-Darlehen und StartGeld –, das den meist geringen Finanzierungsbedarf der Frauen berücksichtigt. Der geringere Finanzbedarf liegt vor allem daran, dass Frauen häufiger im Dienstleistungsbereich arbeiten, der wenig oder kein Kapital benötigt. Die „bundesweite gründerinnenagentur" (bga) geht von durchschnittlich etwa 3.000 bis 7.000 Euro aus. (Quelle: *GründerZeiten* Nr. 2, aktualisierte Ausgabe April 2008)

Warum gründen (sehr viele) Frauen immer noch „anders"?

Frauen haben durch ihre Lebensläufe fast immer andere Voraussetzungen als Männer. Wenn Sie die Aktionen rund um den Equal Pay Day verfolgen, werden Sie feststellen, dass die nachfolgend zitierte Studie immer noch aktuell ist: „Einige Ursachen für das gender gap dürften auch auf ein in der Sozialisationsphase geprägtes Rollenverständnis zurückzuführen sein, denen schwer nachzuspüren ist." („Selbstständige Frauen in Deutschland", Leicht, Lauxen-Müller und Strohmeyer, in: *Chefinnensache: Frauen in der unternehmerischen Praxis*, hrsg. KfW-Bankengruppe, Heidelberg 2004) Frauen haben meist ein anderes Rollenverständnis als Männer, sie sind vorsichtiger, setzen nicht gleich alles auf eine Karte. Sie gründen oft kleiner, d. h. mit weniger Eigen- und Fremdkapital, wollen zunächst vielleicht der Kinder wegen gar nicht „voll" einsteigen.

### Frauen brauchen weniger Geld für ihre Gründung

Laut Statistik der KfW beträgt das durchschnittliche Finanzierungsvolumen unter 4.000 Euro für Vollzeitgründungen und weniger als 150 Euro im Nebenerwerb. Das kann mit den gewählten Branchen zusammenhängen, denn im Dienstleistungsbereich sind die Investitionen geringer. Auch für eine Teilzeitgründung wird weniger Kapital benötigt. Es kann aber auch damit zusammenhängen, dass Frauen „kleiner" planen und diese niedrigen Kreditsummen nicht ausreichen werden, da sie für die Banken eher uninteressant sind. Auf der Website der IHK in München heißt es, dass lediglich 30 Prozent der Firmengründer in Deutschland für den Firmenaufbau ohne Kredit auskommen. Davon wird ein großer Teil Frauen sein, die ohne Kredite auskommen müssen, da sie oft keine Sicherheiten vorweisen können, auch ihr Eigenkapital ist geringer. Noch immer verdienen Frauen nicht nur in den klassischen Frauenberufen weniger als vergleichbar qualifizierte Männer; zeitweise sind sie gar nicht berufstätig. So gibt es oft gar keine Möglichkeit, eigenes Kapital anzusparen.

### Frauen gründen eher allein

Ein sehr großer Teil der Existenzgründerinnen sind immer noch „Solo-Selbstständige", d. h., sie haben weder feste Partner noch Mitarbeiter; etwa ein Drittel von ihnen arbeitet zu Hause. Viele Frauen gehen jedoch häufig Kooperationen ein, wenn sie größere Projekte abwickeln wollen, und beschäftigen dann befristet Freelancer wie z. B. Grafiker, Fotografinnen oder Programmierer.

### Hoffentlich bald kein Thema mehr – Frauen planen weniger und auch anders

Es hieß bisher, dass Frauen ihr Gründungsvorhaben im Vorfeld oft nicht ausreichend planen und vorbereiten würden. Erklärt wurde das u. a. mit geringerer Berufserfahrung, „falschen" Branchenkenntnissen, geringerer Führungs- und Verhandlungserfahrung und fehlenden Kontakten zum „Markt". Laut bga ändert sich das gerade. Obwohl all diese Tatsachen immer noch zutreffen, sind durch die vielen Beratungs- und Informationsangebote für Frauen, die es inzwischen auch in kleineren Städten gibt, die Frauen im Allgemeinen gut informiert und vorbereitet. „Die jungen Frauen von heute gehören zu der am besten ausgebildeten Frauengeneration aller Zeiten." (Quelle: *GründerZeiten* Nr. 2, aktualisierte Ausgabe April 2008)

## Motive von Frauen für eine Existenzgründung

Über die Gründe, aus denen Frauen sich für die Selbstständigkeit entscheiden, gibt es gegenläufige Auffassungen, die jedoch alle richtig sein können. Durch die sog. Familienpause finden Frauen keinen oder einen schlechteren Wiedereinstieg ins Angestelltendasein. Die Führungspositionen sind vergeben, die Chefs oder Chefinnen deutlich jünger, der Weg nach oben ist verbaut. Was liegt näher, als sich selbstständig zu machen, mit oder ohne eigene Angestellte, die Chefin zu sein, etwas zu „unternehmen"? Selbstständig sein mit Familie und Kindern kann schwierig bis unmöglich sein, wenn Sie z. B. viel reisen und direkt beim Kunden arbeiten müssen; da wäre eine 40-Stunden-Woche im Büro vielleicht angenehmer und leichter zu organisieren. Es kann aber auch genau umgekehrt die Möglichkeit sein, alles unter einen Hut zu bringen, sofern es die passende Tätigkeit ist. Software entwickeln, Texte übersetzen, einen Online-Shop betreiben oder Online-Kurse geben – das geht bei guter Organisation und vielleicht mit Hilfe von außen „eigentlich" immer. Selbst wenn ein Baby da ist, lassen sich Computerschulungen bei privaten Stammkunden nach vorheriger Absprache durchführen.

Die meisten Unternehmensgründerinnen gehen nicht den „klassischen Weg" in die Selbstständigkeit, sondern entscheiden sich oft aus bestimmten Lebensumständen heraus für eine Existenzgründung. Eine Existenzgründung ist nicht nur eine berufliche Entscheidung, sondern berührt immer auch die persönlichen Lebensstrategien. Vielleicht hat sie auch mit einem Anpassen an die Umstände zu tun.

Viele Motive der Männer, sich selbstständig zu machen, gelten natürlich auch für Frauen: Alle erhoffen sich mehr Selbstbestimmung am eigenen Arbeitsplatz, (relative) Unabhängigkeit und die Möglichkeit, selbst Entscheidungen zu treffen und sich selbst zu verwirklichen, also die eigenen Ideen umsetzen zu können und die eigene Kreativität auszuleben.

Unterschiedlich ist die Gewichtung der einzelnen Motive: Nach Aussagen der ehemaligen Deutschen Ausgleichsbank steht bei den Frauen, die sich beruflich selbstständig machen wollen, Unabhängigkeit an erster Stelle, mit großem Abstand gefolgt von beruflicher Selbstverwirklichung und dem Wunsch nach höherem, eigenem Einkommen. Bei den Männern steht der finanzielle Aspekt an erster Stelle.

Völlig anders ist es, wenn Sie aus der Arbeitslosigkeit heraus gründen müssen, weil Sie keine feste Anstellung mehr finden. Da geht es natürlich vor allem um das liebe Geld, trotzdem sollte auch dann die Gründung Ihre Stärken und Kompetenzen zum Vorschein bringen und Ihnen die Arbeit Spaß machen.

## Vor der Gründung kommt die Zeitplanung

Ehe Sie loslegen, benötigen Sie viel Zeit für die gründliche Vorbereitung und gute Planung Ihres Unternehmens. Wie lange Sie dafür brauchen, hängt von Ihren Geschäftsideen ab, davon, ob Sie Genehmigungen benötigen, noch kaufmännisches oder Fachwissen erwerben müssen und vielleicht auch vom Einschulungstermin Ihres Kindes oder dem Platz in der Tagesbetreuung. Da wäre ein Start zu Beginn des neuen Schuljahres, wenn für Ihr Kind alles neu und vielleicht nicht ganz so einfach ist, nicht optimal.

Sie brauchen Gründerkollegen, mit denen Sie sich austauschen können. Vielleicht gründen Sie ein Erfolgsteam (auf www.akademie.de finden Sie hierzu einen nützlichen Artikel aus 2007), auch für das Konzept und die Umsetzung einer Website brauchen Sie Zeit. Wenn Sie mit mehreren Personen gründen, sollten sich alle zusammensetzen und wirklich alle Punkte klären (s. Kapitel „Vor der Gründung: Die Wahl der passenden Rechtsform"). Auch die Rechtsform muss gut überlegt sein und mit einer Rechtsanwältin oder einem Steuerberater besprochen werden. Wenn Sie Kredite aufnehmen wollen, wird es immer auch um die Haftung gehen. Das bedeutet, dass Sie mit Ihrem Ehemann und möglicherweise einem Rechtsanwalt eventuell über eine Gütertrennung und deren Folgen sprechen müssen. Falls Sie noch angestellt sind: Nutzen Sie die Zeit bis zum letzten Arbeitstag ebenfalls so gut wie möglich, erkundigen Sie sich, planen Sie, rechnen Sie. Versuchen Sie, im Frieden mit Ihrer Firma zu gehen, vielleicht können Sie gleich einen ersten Auftrag mitnehmen? Falls Sie eine Abfindung erhalten, ist das Ihr Startkapital.

**CHECKLISTE: Grobplanung**

- Ideen finden
- Konsultation mit IHK/Handwerkskammer
- Kontakte knüpfen/reaktivieren
- Gegebenheiten analysieren (Markt und Standort)
- Unternehmenskonzept (Businessplan) erarbeiten

Als Nächstes kommt die **Fein- oder Detailplanung**. Präzisieren Sie Ihr Unternehmenskonzept.

- Kontakt mit Beratern
- Erstes Bankgespräch
- Mietverhandlungen
- Stadtverwaltung, Kammern, Verbände
- Verhandlung mit Lieferanten
- Mitarbeiter suchen
- Rechtsanwalt
- Steuerberater
- Vorverträge
- Leistungsnachweis, Konzession
- Kredit- und Förderantrag stellen
- Verträge schließen
- Dienstverhältnis kündigen
- Geschäft einrichten
- Buchhaltung organisieren
- Gewerbe bzw. freiberufliche Tätigkeit anmelden
- Geschäftseröffnung

Wann beginnen Sie?

Wenn Sie ein Gewerbe anmelden, ist es klar: Mit dem Tag der Gewerbeanmeldung (im Abschnitt „Das Einzelunternehmen") wird dokumentiert, wann Sie gegründet haben. Als Freiberuflerin im Home-Office müssen Sie einfach einen Tag definieren (und ihn dem Finanzamt melden). Der Zeitplan auf der vorigen Seite soll Ihnen als Anregung und Muster dienen, damit Sie möglichst wenig übersehen und gut starten können.

Damit Sie gut beginnen können und so wenig Fehler wie nötig machen, erfahren Sie in den folgenden Kapiteln, wie Sie sich auf Ihre Existenzgründung im Einzelnen vorbereiten können und was an persönlichen und fachlichen Voraussetzungen einfach notwendig ist, um eine gute Basis zu schaffen. Die Beispiele von Gründerinnen in unterschiedlichen Lebenssituationen sollen Sie dabei ermutigen (siehe Kapitel „Aus der Erfahrung von Existenzgründerinnen").

# Vor der Gründung: Die persönliche Planung

Die Gründung eines Unternehmens – auch wenn es sich nur um ein Kleinunternehmen handelt – ist trotz vielfältiger Unterstützung und eines breiten Informationsangebots nicht ganz einfach. In der Vorbereitungszeit sollten Sie gründlich prüfen, ob Sie sich für eine selbstständige unternehmerische Tätigkeit eignen. Was meint man dazu in Ihrem Freundeskreis und vor allem in Ihrer Familie? Sie benötigen ein stabiles Umfeld, das Sie trägt, wenn trotz guter Planung Schwierigkeiten auftreten, und das die Erfolge mit Ihnen feiert. Um erfolgreich zu gründen, brauchen Sie einige Voraussetzungen.

## Die fachliche Qualifikation

Die beruflichen Anforderungen an alle Menschen, ob fest angestellt oder selbstständig tätig, werden immer größer. Lebenslanges Lernen ist nicht nur ein Schlagwort. Wollen Sie sich am Markt behaupten, wollen Sie den gewünschten beruflichen und auch finanziellen Erfolg haben, müssen Sie neue Techniken und Methoden neben Ihrer Grundqualifikation, die Sie ja bereits mitbringen, einfach „draufhaben".

Man erwartet von Ihnen:

- Flexibilität
- Kreativität
- fachübergreifende Grundkenntnisse
- eine gute Allgemeinbildung
- Fremdsprachenkenntnisse
- die Fähigkeit, vernetzt und abstrakt zu denken
- EDV-Praxis
- ökologische Grundkenntnisse
- Bereitschaft und Fähigkeit zur Weiterbildung
- soziale Kompetenz

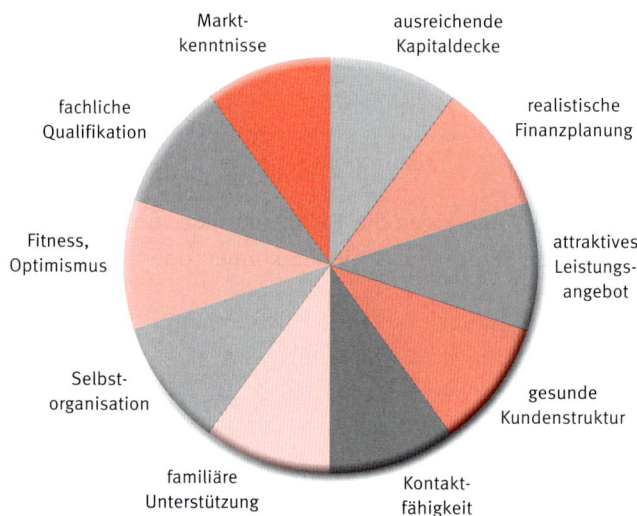

**Was die erfolgreiche Unternehmensgründerin ausmacht**

Im Internet sind Informationen aller Art in kürzester Zeit zugänglich. Auch wenn es viel Halbwissen und Fehlinformationen gibt, können Sie heute kaum mehr auf „das Netz" verzichten. Es ist sehr wichtig, sich rechtzeitig Strukturen zu schaffen, mit denen sich die Vielzahl der Informationen auch verarbeiten und damit nutzen lässt. Man sollte auch bestimmte Abwehrmechanismen entwickeln: Sie müssen nicht alles wissen, Sie sollten allerdings wissen, wo Sie im Zweifelsfall verlässliche Informationen erhalten können.

## Sie brauchen Berufserfahrung

Ohne einige Jahre Berufserfahrung und eine entsprechende fachliche Qualifikation haben Sie als Selbstständige kaum Aussicht auf Erfolg.

Gehen Sie davon aus, dass die Konkurrenz das Metier beherrscht. Sie sollten also mindestens ebenso kompetent und erfahren sein.

Wollen Sie Ihr Unternehmen in einer für Sie neuen Branche gründen, so benötigen Sie Fachkenntnisse, die Sie sich in Kursen und Seminaren aneignen können oder Sie gründen mit jemandem zusammen, der das entsprechende Knowhow mitbringt.

Berufs- und damit Lebenserfahrung, verbunden mit Menschenkenntnis, trägt sehr zum erfolgreichen Gelingen Ihrer Unternehmensgründung bei.

Falls Sie bei Ihrer Hausbank (das kann auch eine Sparkasse sein) einen Kredit beantragen, wird man von Ihnen im Allgemeinen den Nachweis von Berufserfahrung sowie von fachlichen Qualifikationen verlangen, sie gehören also mit in den Businessplan (s. Kapitel „Der Businessplan").

### Stressfrei aus dem alten Job ...

Wenn Sie fest angestellt sind, sollten Sie sich die Umstände Ihrer Kündigung gut überlegen. Gehen Sie im Streit oder können Sie vielleicht in Zukunft von Ihrem ehemaligen Arbeitgeber Aufträge bekommen? Seien Sie sparsam mit Informationen über Ihre Zukunftspläne, wenn Sie noch nicht gekündigt haben bzw. Ihnen gekündigt wurde. Vielleicht gibt es ja noch Verhandlungsspielraum bei der Höhe der Abfindung, die Sie als Gründerin gut gebrauchen können. Aufpassen sollten Sie bei sog. Wettbewerbsklauseln. An die vertraglichen Regelungen dazu in Ihrem Arbeitsvertrag müssen Sie sich auch in Zukunft halten und evtl. Sperrfristen einhalten.

## Sie brauchen unternehmerische Eigenschaften

Sie müssen nicht nur Ihr Metier beherrschen, um sich gegenüber den Mitbewerbern durchsetzen zu können. Den Weg zum Erfolg erleichtern eine Reihe von persönlichen Eigenschaften und Verhaltensweisen.

**CHECKLISTE: Wichtige Eigenschaften für Gründerinnen**
- Überzeugungskraft
- Kontaktfreude und Lust, mit anderen Menschen zusammenzuarbeiten
- Tatendrang
- Willensstärke
- Selbstbewusstsein
- Konfliktfähigkeit
- Flexibilität
- Freude am Experimentieren
- Begeisterungsfähigkeit
- Belastbarkeit
- Disziplin
- Mut zum Risiko
- Durchhaltevermögen und Zähigkeit
- unverwüstlicher Optimismus

## Körperliche und psychische Belastbarkeit

Als Selbstständige werden Sie zumindest am Anfang nicht mit einer 40-Stunden-Woche auskommen, vor allem, wenn Sie noch den Familienhaushalt managen müssen. Deshalb sollten Sie auf Ihren Gesundheitszustand achten und auch Ihre psychische Belastbarkeit mit einkalkulieren.

**TIPP:** Planen Sie gezielt „Auszeiten" für sich ein, in denen Sie regelmäßig Sport treiben oder sich z. B. in der Sauna entspannen. Beschäftigen Sie sich mit Yoga, Autogenem Training oder anderen Entspannungsmethoden. Gehen Sie jeden Tag zumindest kurz an die frische Luft.

Sie sind psychisch wesentlich belastbarer, wenn Sie sich gesund ernähren und ausreichend schlafen. Je weniger Sie rauchen, desto besser ist es für Sie. Auch mit Alkohol sollten Sie sparsam sein, wobei gegen ein gelegentliches Glas Rotwein natürlich nichts einzuwenden ist.

Ihren Gesundheitszustand sollten Sie deshalb vor Beginn Ihrer Gründung gründlich überprüfen (lassen). Ein Check bei Ihrem Hausarzt, mit dem Sie auch über Ihre zukünftigen Pläne und die damit verbundenen Belastungen sprechen sollten, gehört auf Ihre Vorbereitungsliste. Natürlich lassen sich irgendwelche Krankheiten nicht vorausehen, aber zu wissen, dass Sie organisch gesund sind und somit topfit, gibt Ihnen Sicherheit und ein gutes Gefühl.

Einen Arbeitstag mit 10 bis 12 Stunden sollten Sie realistischerweise einplanen. Selbst wenn Sie „nur" im Nebenerwerb oder zu Beginn als sogenannte Kleinunternehmerin arbeiten, kommen Sie mit Teilzeitstelle, Haushalt, Familie und Ihrem „Unternehmen" leicht jeden Tag auf diese Arbeitszeit, möglicherweise auf mehr.

### Sie brauchen familiäre Unterstützung

Die Unterstützung durch Ihre Familie ist ein weiterer wichtiger Punkt, den Sie rechtzeitig – vor Ihrem Start in die Selbstständigkeit – abklären müssen. Wie geht Ihre Familie damit um, dass Sie in Zukunft sehr viel weniger Zeit für sie haben werden? Weiß sie es überhaupt schon? Wie wird Ihr Partner damit umgehen, wenn Ihr Unternehmen und damit Sie sehr erfolgreich sind, wenn Sie mehr verdienen als er?

**CHECKLISTE: Ihre Belastbarkeit**

- Sind Sie körperlich topfit und kommen Sie auch mal mit weniger Schlaf aus?
- Können Sie gut mit Stress umgehen oder benötigen Sie längere Pausen der Erholung?
- Schlafen Sie bei finanziellen Problemen noch gut?
- Können Sie sich trotz finanzieller Engpässe noch gut auf Ihre Arbeit konzentrieren oder sind Sie in solchen Situationen wie gelähmt?
- Nehmen Sie Misserfolge immer persönlich oder können Sie kleine und größere Niederlagen leicht abschütteln?

Falls Sie zu Hause arbeiten, ist es gerade für Kinder schwer zu begreifen, dass Sie zwar anwesend sind, aber jetzt nicht zur Verfügung stehen. Gut ist es, ein eigenes Büro zu haben, sodass Sie die Tür hinter sich zumachen können. Sind die Kinder alt genug, werden sie auch feste Bürozeiten akzeptieren, wenn Sie dann auch wirklich nach der abgemachten Zeit aus Ihrem Büro kommen, um sich – wie versprochen – mit ihnen zu beschäftigen. Wichtig ist nicht die Zahl der Stunden, die Sie für Ihre Kinder erübrigen, sondern die Intensität, mit der Sie sich ihnen widmen.

Es ist besser, sich nur eine Stunde voll und ganz um die Kinder zu kümmern, als den ganzen Nachmittag nur mit halbem Ohr dabei zu sein.

Ihre Familie wird Sie am ehesten unterstützen, wenn sich alle Mitglieder für gleichwertig halten können und gemeinsam versucht wird, eine Lösung zu finden, die allen gerecht wird, wenn alle, auch das jüngste Kind mit seinen ganz speziellen Bedürfnissen, beachtet werden. Hier haben sich regelmäßige Gespräche, bei denen alle gleichberechtigt ihre Themen auf den Tisch bringen dürfen, sehr bewährt. Natürlich wird es nicht ohne Pannen und Zwischenfälle abgehen, aber letzten Endes profitieren alle davon, wenn der Laden läuft.

Besprechen Sie Ihren Tagesablauf grundsätzlich mit allen Mitgliedern der Familie. Finden Sie gemeinsam Lösungen für einen optimalen Ablauf. Gerade Kinder haben oft sehr gute Vorschläge, und Sie dürfen ihnen ruhig auch etwas zutrauen. Lassen Sie sich nicht von anderen „wohlmeinenden" Leuten sagen, was Sie Ihren Kindern an Hausarbeit zumuten können, wie viele Stunden „Fremdbetreuung" oder gar Alleinsein zumutbar sind. Der Maßstab sind Sie und Ihre Familie. Was Sie aber auf gar keinen Fall vergessen dürfen, ist Lob. Bestätigung und Anerkennung können nicht oft genug ausgesprochen werden. Das gilt übrigens auch für Ihren Partner, wenn er Ihnen in stressigen Zeiten den Rücken freihält und Sie zum Durchhalten ermutigt.

Damit es in Ihrem Privatleben gut klappt, hier noch einmal das Wichtigste in Stichpunkten:

- Besprechen Sie Ihr Projekt „Existenzgründung" ausführlich und vor allem auch rechtzeitig mit Ihrem Partner und Ihren Kindern. Stellen Sie gemeinsam die Vor- und Nachteile heraus.

- Berücksichtigen Sie, dass es auch für Ihren Partner Neuland ist, wenn Sie sich selbstständig machen. Es ist also auch für ihn nicht immer einfach.
- Prüfen Sie Ihren Haushalt kritisch: Was kann vereinfacht, verbessert oder einfach weggelassen werden? Organisieren Sie Ihren Haushalt um, delegieren Sie Aufgaben an Partner und Kinder!
- Wenn Sie noch kleine Kinder zu versorgen haben: Kümmern Sie sich rechtzeitig um eine liebevolle und zuverlässige Kinderbetreuung.
- Halten Sie Kontakt zu den Lehrerinnen und Lehrern Ihrer Kinder, damit es möglichst gar nicht erst zu Schwierigkeiten kommt.
- Planen Sie regelmäßig Familiengespräche ein.

### Sie brauchen Kontaktfähigkeit

Als Gründerin brauchen Sie unbedingt Kontaktfähigkeit, damit Sie gut mit möglichen Kunden umgehen können. Prüfen Sie kritisch, wieweit Ihnen „Klinkenputzen" liegt. Können Sie sich oder Ihr Produkt anbieten und verkaufen, möchten Sie das wirklich? Wie leicht oder schwer fällt es Ihnen, auf fremde Leute zuzugehen? Kommen Sie z. B. auf einer Party, bei der Sie niemanden kennen, schnell mit jemandem ins Gespräch oder stehen Sie allein herum?

Sich selbst oder seine Produkte in Zukunft immer anbieten und verkaufen zu müssen – dieser Gedanke mag Sie einschüchtern und entmutigen. Aber Sie können lernen, sich selbst gut zu verkaufen, Ihre Dienstleistung attraktiv anzubieten. Dazu werden verschiedenste Kurse und Seminare angeboten, und es lohnt sich, sie zu besuchen. Als Einstieg eignen sich reine Frauenkurse: Sie verhelfen gerade den Frauen zu Selbstsicherheit und professionellem Auftreten, die lange nur zu Hause oder längere Zeit arbeitslos waren. Da Ihre potenziellen Lieferanten und Kunden aber später vermutlich nicht nur aus Frauen bestehen werden, sollten Sie im Anschluss einen Kurs besuchen, an dem auch Männer teilnehmen. Hier erfahren Sie dann, wie Sie auf männliche Verhandlungspartner wirken, was Sie an Ihrem Verhalten verändern könnten und inwiefern Sie mit Männern anders umgehen müssen oder können als mit Frauen. Damit Sie später „auf freier Wildbahn" bestehen können, sollten Sie den Umgang mit Männern – die ja nun einmal in der Geschäftswelt dominieren – immer wieder üben, auch wenn Sie glauben, Sie könnten das ohnehin!

Um ein Beispiel aus dem Sport zu nehmen: Existenzgründungskurse sind eher Testläufe, bei denen Sie feststellen können, wo Sie stehen und woran Sie noch zu arbeiten haben; mit den Endkämpfen haben sie nicht viel zu tun.

### Selbstorganisation und Zeitmanagement

Die erfolgreiche Unternehmerin ist nicht nur optimistisch und hat gute Nerven, sie ist auch sehr gut organisiert. Ein detaillierter Zeitplan, der Ihnen genug Zeit für Unvorhergesehenes einräumt und bei dem auch Ihre privaten Bedürfnisse nicht zu kurz kommen, hilft Ihnen, alles Notwendige zu bewältigen. Ein gewisses Maß an Ordnungsliebe brauchen

Sie natürlich! Wie sieht es denn auf Ihrem Schreibtisch aus? Schieben Sie notwendige, aber unangenehme Dinge gerne von sich weg? Oder finden Sie sehr leicht ganz „dringende" Arbeiten, die unbedingt jetzt gemacht werden müssen, und das wirklich Wichtige bleibt liegen?

Je anfälliger Sie für Stress sind, desto besser müssen Sie sich organisieren und z. B. bei Terminarbeiten rechtzeitig jemanden für die Kinderbetreuung organisieren. Nur wenn Sie dies beherzigen, gilt der Spruch: „Was schiefgehen kann, geht auch schief!" für Sie nicht. Als Gründerin müssen Sie auch Ihre Freizeit bewusst planen. Planen Sie „Auszeiten" ein – und nehmen Sie diese auch. So schöpfen Sie immer wieder Kraft.

Versuchen Sie nicht, immer noch mehr in den Tag hineinzuquetschen, noch mehr zu erledigen. Das Ziel guter Zeitplanung besteht darin, sich Freiräume zu verschaffen, also Zeit für sich selbst zu haben, und nicht darin, hektisch die Arbeit von zwei Tagen in einem unterbringen zu wollen. Lassen Sie sich nicht durch sog. Zeitfallen (Einflüsse von außen) von den wirklich wichtigen Erledigungen abhalten. Die folgende Checkliste nennt die häufigsten Zeitfallen.

**CHECKLISTE: Zeitfallen**

- Fehlende Pufferzeiten, kein Raum für Unvorhergesehenes
- Keine klar definierten Ziele, entsprechend auch keine Vorgaben, was genau zu tun ist
- Fehlender Überblick darüber, was alles wann zu tun ist
- Ein „chaotischer" Arbeitsstil (Notizen und Zettel gibt es überall, nur nicht da, wo Sie sie gerade suchen)
- Die Unfähigkeit, Arbeit zu delegieren (Kinder können beispielsweise im Haushalt helfen)

Prüfen Sie selbstkritisch, warum es Ihnen so viel ausmacht, Arbeit abzugeben. Hat es etwas damit zu tun, dass Sie alles selbst kontrollieren wollen? Sie kommen mit Ihrer Selbstständigkeit besser voran, wenn Sie die anstehenden Aufgaben verteilen. Sonst wächst Ihnen die Arbeit irgendwann über den Kopf.

- Störungen durch andere, etwa durch unangemeldete Besucherinnen oder private Anrufe.
  Hier müssen Sie – das trifft vor allem dann zu, wenn Sie Ihr Büro zu Hause haben – langfristig vorgehen, z.B. allen Freunden und der Familie freundlich, aber sehr konsequent klarmachen, dass Sie zu bestimmten Zeiten nicht gestört werden wollen.
- Die Unfähigkeit, nein zu sagen. Es kostet Sie viel Zeit, wenn Sie Aufgaben und Erledigungen nicht ablehnen können. Warum lehnen Sie Bitten um Hilfe nicht öfter ab? Was haben Sie davon, wenn Sie als freundlich und hilfsbereit gelten, aber mit Ihren eigenen Projekten nicht fertig werden? Im Zweifelsfall hilft Ihnen nämlich niemand. Ziehen Sie Ehrenämter nicht unnötig an sich! Bekanntlich sind es immer nur wenige, meistens die Gleichen, die sich engagieren, und das müssen ja nicht immer Sie sein.

- Mangelnde Selbstdisziplin. Es hilft nichts, sich Pläne zu machen, die Arbeit zu strukturieren und einzuteilen, wenn Sie es dann nicht schaffen, diszipliniert Ihre selbst gestellten Vorgaben zu erfüllen. Es gehört – gerade zu Beginn einer Existenzgründung – sehr viel Energie dazu, sich nicht ablenken zu lassen und zielgerichtet den eigenen Weg zu verfolgen.
- Schlechte Kommunikation unter den Gründerinnen bzw. mangelhafte Information von Mitarbeiterinnen und Mitarbeitern, Geschäftskundinnen und Auftraggebern oder der eigenen Familie.
- Wartezeiten. Lange Wartezeiten – oft durch mangelnde Organisation selbst verschuldet – bringen Ihr Zeitmanagement ebenfalls durcheinander. Das wird vor allem dann zum Problem, wenn Sie dadurch selbst Ihre Aufgaben gegenüber einem Auftraggeber nicht erfüllen können.

## Lassen Sie sich nicht entmutigen!

Um bei Rückschlägen nicht gleich aufzugeben, ist es gut, wenn Sie zäh, vielleicht sogar stur sind. Lassen Sie sich nicht entmutigen, suchen Sie nach anderen Lösungsmöglichkeiten, prüfen Sie Alternativen – setzen Sie Ihre Interessen durch. Wenn Sie dieses Projekt, jenen Auftrag nicht bekommen, dann eben etwas anderes. Vielleicht hilft Ihnen folgender Spruch: „Wenn nicht das, dann eben was Besseres!" Es ist allerdings nicht immer leicht, sich danach zu richten, vor allem, wenn man diesen speziellen Auftrag zu gerne bekommen hätte und das Honorar innerlich schon längst für eine Anschaffung verplant war.

Behalten Sie diesen potenziellen Kunden auf alle Fälle in Ihrer Datenbank, melden Sie sich gelegentlich bei ihm mit einem interessanten Angebot, vielleicht ergibt sich ja später doch noch ein Auftrag, oder Sie werden zumindest weiterempfohlen.

### Zielstrebigkeit und konsequentes Verhalten

Zielstrebigkeit und Konsequenz erleichtern Ihnen den Weg zum Erfolg. Wichtig ist, dass Sie sich von Rückschlägen nicht aus dem Konzept bringen lassen. Verfolgen Sie Ihre gesteckten Ziele! Lassen Sie sich nicht von Ihrem Weg abbringen, wenn Sie sicher sind, dass es Ihr Weg ist.

### Isolation und Einsamkeit

Wenn Sie als Freiberuflerin oder Einzelunternehmerin zu Hause beginnen, wenn Sie den ganzen Tag vor dem PC sitzen und der Kontakt zur Außenwelt möglicherweise nur noch über E-Mail und Telefon stattfindet, werden Sie sich über kurz oder lang sehr isoliert und einsam fühlen. Vor allem wer an das soziale Leben eines Büros gewohnt war, an Konferenzen und Besprechungen, an Mittagessen mit Kolleginnen und Kollegen oder an geschäftliche Besprechungen außer Haus, wird sich zumindest am Anfang zu Hause sehr schwertun. Diese Gefühle dürfen Sie aber nicht depressiv und arbeitsunfähig machen. Gehen Sie zu Netzwerkveranstaltungen (vgl. dazu auch Kapitel „Frauen-Netzwerke"), treffen Sie sich mit anderen Gründungswilligen zum regelmäßigen Austausch, bilden Sie sich gemeinsam mit anderen weiter oder bringen Sie Unterlagen auch mal persönlich bei Ihrem Auftraggeber vorbei. Wichtig ist, dass Sie sich aktiv um Kontakte kümmern. Suchen Sie Gleichgesinnte, die im Notfall Zeit für Sie haben und Ihnen bei Ihren Fragen und Problemen helfen können, das entlastet auch Ihre Familie und Ihren Freundeskreis. Bieten Sie Gleiches auch den anderen an.

## Unternehmerisch handeln

Wenn Sie sich mit dem Gedanken an eine Existenzgründung schon länger beschäftigen, taucht natürlich auch die Frage auf: Kann ich das eigentlich? Kann ich unternehmerisch handeln und denken? Was gehört denn eigentlich zu einer unternehmerischen Kompetenz?

Dies sind die wichtigsten Eigenschaften und Fähigkeiten, die eine Unternehmerin haben bzw. sich aneignen sollte:

**CHECKLISTE: Unternehmerisch handeln**
- Durchhaltevermögen
- kaufmännische und betriebswirtschaftliche Fachkenntnisse
- Überzeugungskraft und verkäuferisches Talent
- Bereitschaft, sich ständig weiterzubilden
- Flexibilität
- Fähigkeit, sich selbst und Mitarbeiter zu führen
- körperliche und psychische Belastbarkeit

# Vor der Gründung: Die wirtschaftliche Planung

Selbstständig sein setzt nicht nur bestimmte persönliche Eigenschaften und Fähigkeiten voraus; Sie brauchen auch fachliches Know-how und Grundkenntnisse in Betriebswirtschaft, um auf Dauer am Markt bestehen zu können. Am wichtigsten von allem jedoch ist die Idee, mit der Sie sich selbstständig machen wollen.

## Die richtige Idee oder Marktlücke

Am Anfang jeder Planung steht natürlich „die Idee": Ihre Gründungsidee, das Produkt, die Dienstleistung, mit der Sie in Zukunft Geld verdienen werden. Nun geht es darum, Ihre Idee, Ihr Know-how auf dem Markt anzubieten und zu verkaufen. Was brauchen Sie dafür?

Fundierte Marktkenntnisse sind sehr wichtig. Sie müssen herausfinden, wer Ihre Dienstleistung – z. B. Ihr Moderationstraining – oder Ihr Produkt – z. B. den chilenischen Wein – brauchen kann. Wie können Sie es an die Frau oder den Mann bringen? Wo treffen Sie Ihre potenziellen Kunden, und welchen Preis können Sie realistischerweise erzielen?

Es ist eher unwahrscheinlich, dass Sie ein völlig neues Produkt entwickeln oder eine noch nie da gewesene Dienstleistung anbieten können. Aber eine Marktnische, eine bisher an Ihrem Ort übersehene Zielgruppe – die können Sie finden. Es ist auch lohnend zu sehen, was die Mitbewerber machen: Wie präsentieren sie sich am Markt? Wie gehen sie mit Standortnachteilen um? Studieren Sie deren Strategien und scheuen Sie sich auch nicht, Testangebote einzuholen.

Wenn Sie noch keine Idee haben, sich aber – aus welchen Gründen auch immer – beruflich selbstständig machen wollen oder müssen, helfen Ihnen die folgenden Überlegungen vielleicht weiter. Es ist sehr wichtig, dass Sie etwas finden, das Sie wirklich gerne machen. Worin liegen Ihre Stärken? Was tun Sie gern und können Sie gut? Wer nicht gern vor anderen Leuten spricht, sollte keine Trainerin oder Dozentin werden. Wer eher genial und großzügig veranlagt ist, sollte keine Finanzberatung gründen oder versuchen, als Buchhalterin zu arbeiten, auch wenn hier ein großer Bedarf besteht. Sind Sie kein Computer-Freak, so wird es Ihnen auch schwerfallen, im Internet Ihr Geld zu verdienen.

Um herauszufinden, wofür Sie sich selbst und andere begeistern können, sollten Sie sich folgende Fragen stellen:

**CHECKLISTE: Ihre Gründungsidee**

- Was können und wollen Sie am Markt anbieten?
- Gibt es am Markt überhaupt Interesse an Ihrem Produkt oder Ihrer Dienstleistung, besteht wirklich Bedarf? (Hier müssen Sie intensive Marktforschung betreiben.)
- Warum soll irgendjemand Ihr Produkt, Ihre Dienstleistung kaufen?

- Was ist Ihre USP (unique selling proposition), d. h., was ist das Einzigartige und Unverwechselbare an Ihrem Produkt, was machen Sie entscheidend anders als andere?
- Hat Ihre Idee auch in Zukunft noch eine Chance?
- Machen Sie das, was Sie anbieten wollen, wirklich gern und verstehen Sie etwas davon, oder glauben Sie nur, dass sich diese Idee, dieser Service, dieses Produkt gut verkaufen lässt?

**TIPP:** Machen Sie nur die Dinge, die Sie wirklich gern tun, die Ihnen Spaß machen und für die Sie sich begeistern können. Denn nur dann sind Sie authentisch und überzeugend. Nur wenn Sie glaubhaft sind, können Sie Ihre Idee „rüberbringen" und die Kunden vom Nutzen Ihres Angebots überzeugen. Setzen Sie auf Ihre Stärken und bauen Sie diese aus.

Das 1998 erschienene Buch von John Hormann *Future Work* hat immer noch nichts von seiner Aktualität verloren: Nach wie vor gehört folgende Frage zu den dringlichsten: „Wenn meine Mitbewerber innovativ, zuverlässig, kompetent, qualifiziert und preiswert sind, was macht mich besser?" Sie müssen also gut überlegen, was Sie bzw. Ihre Idee von allen anderen unterscheidet. Hormanns Antwort lautet: „Neue Erkenntnisse schnell umsetzen, ohne gleich die eigene Identität und den eigenen Kurs aufzugeben." Ganz wichtig sind also die eigene Identität und Ihre eigenen ehrlichen und unverfälschten Ideen, Zielorientiertheit und Authentizität. Um noch einmal John Hormann zu zitieren: „Die sechs wichtigsten Eigenschaften erfolgreicher deutscher

Führungskräfte (sind): Glaubwürdigkeit, persönliche Integrität, positive Lebenseinstellung, Einfühlungsvermögen, Flexibilität und Reflexionsfähigkeit." (John Hormann, *Future Work, Signale für das Leben im 3. Jahrtausend.* Universum Verlagsanstalt, Wiesbaden 1998) Diese Eigenschaften sind auch für Sie als Gründerin nützlich.

Denken Sie einmal darüber nach, wie gravierend sich die Arbeitswelt in den letzten 25 Jahren geändert hat: Schlagworte wie Globalisierung oder Lean Management (schlanke Strukturen) stehen für eine weitreichende Veränderung. Sie müssen keine Trendforscherin sein, um zu erkennen, dass die Zeiten der sicheren Festanstellung endgültig vorbei sind. Befristete Arbeitsverträge für bestimmte Projekte werden die Regel sein. Die Frage ist nun: Wie können wir dieses Wissen für uns nützen, welchen Vorteil können Sie daraus ziehen, wenn Sie dies alles wissen?

Wir leben in einer Technologie- und Informationsgesellschaft, in der die weltweite Vernetzung nichts Besonderes mehr ist. Wer hier beruflich Erfolg haben will, muss sein Handwerkszeug im Bereich Projektmanagement wirklich beherrschen, ohne Internet-Know-how geht nichts mehr. Gute Organisation und Koordination werden daher noch wichtiger, denn der Dienstleistungssektor gilt als Wachstumsbranche, und Service, d.h. schnelle und pünktliche Lieferung von Waren, Informationen oder anderen Dienstleistungen, ist ein Muss.

Dienstleistungen lassen sich in primäre und sekundäre Dienstleistungen unterteilen. Als primäre Dienstleistungen werden z.B. Reinigen, Bewirten, Lagern, Sichern, Transportieren verstanden sowie alle Bürotätigkeiten und der Handel. Dieser primäre Bereich wird nicht zuletzt durch die zunehmende Selbstbedienung der Kunden (Fahrkarten, Flugtickets) abnehmen, obwohl es immer wieder auch gegenteilige Beispiele gibt, z. B. Anläufe der Mineralölkonzerne, an größeren Tankstellen wieder Tankwarte einzusetzen – gegen Gebühr natürlich. Der sekundäre Bereich hingegen wird steigen, hierzu gehören beispielsweise Betreuen, Beraten, Lehren, Publizieren, Organisieren, alle Tätigkeiten, die mit Management im weitesten Sinne zusammenhängen, sowie Forschen und Entwickeln.

Bei der Suche nach einer Marktlücke, nach der richtigen Idee, womit Sie sich selbstständig machen wollen, sollten Sie folgende Fragen beantworten:

**CHECKLISTE: Marktlücke**
- Welche Bedürfnisse könnten Ihre Kundinnen und Kunden haben, die im Moment nicht oder nicht ausreichend erfüllt werden?
- Welche Probleme Ihrer Kunden könnten Sie lösen? (Haben Ihre potenziellen Kunden überhaupt Probleme?)
- Welche aktuellen Trends bestehen? Sind Sie darüber informiert?
- Welche Bedürfnisse oder Wünsche Ihrer Kunden können Sie erfüllen und die Konkurrenz nicht?
- Was machen Sie denn wirklich besser oder anders? Welche Eigenschaften, Fähigkeiten und Erfahrungen haben Sie, die sonst niemand, jedenfalls nicht in dem Maße, hat?

## Bieten Sie Problemlösungen an

Wenn wir davon ausgehen, dass alle Produkte mehr oder weniger gleich sind, so kann der Zusatznutzen im Bereich Dienstleistungen liegen – also z. B. im Service oder beim Image. Ihr Produkt ist „in" – das Produkt könnte technisch auf dem neuesten Stand sein oder der Zusatznutzen könnte im günstigen Preis liegen. Verwechseln Sie „günstig" bitte nicht mit „billig". Sie können eine gute Dienstleistung, ein Produkt von guter Qualität nicht billiger verkaufen als die Konkurrenz, ohne selbst dadurch einen Verlust zu erleiden. Hüten Sie sich zu Beginn Ihrer Existenzgründung, als Einstieg sozusagen, als Billiganbieterin aufzutreten. Es ist beim nächsten Auftrag dann sehr schwer, eine Preiserhöhung durchzusetzen, ohne den Kunden zu verlieren, zumal Sie vermutlich auch keine guten Argumente dafür haben.

Ihre Aufgabe muss es sein, Probleme der Kundinnen und Kunden zu erkennen und ihnen dafür Lösungen anzubieten. Wichtig ist es, dem Kunden nicht lediglich ein weiteres Produkt zu verkaufen, sondern eine Lösung für ein bestehendes Problem. Es geht also wieder darum, dass Ihre Problemlösung nicht austauschbar ist, sondern einzigartig. Wenn Sie mit offenen Augen durch die Welt gehen und sensibel auf die Bedürfnisse der Mitmenschen achten, werden Sie einige Problemfelder bzw. Trends vermutlich selbst entdecken.

## Was kann ich verlangen?

Gleichgültig, ob Sie als Freiberuflerin arbeiten oder ein Gewerbe (die Abgrenzung finden Sie im Abschnitt „Welchen

Status haben Sie – gewerblich oder frei?") angemeldet haben, weil Sie beispielsweise nicht nur Web-Designerin sind, sondern Ihren Kunden auch den Web-Space vermieten, kommen Sie um die Frage nicht herum: Was ist ein angemessener Preis für mein Produkt, für meine Dienstleistung?

Oft werden Pauschalhonorare, Werk- oder auch Zeitverträge vereinbart: Die Auftraggeber unterbieten sich in der Höhe (besser Tiefe) der Honorare, schlecht oder auch gar nicht bezahlte Praktika sind an der Tagesordnung.

- Wie können Sie dem begegnen, können Sie solch „unmoralischen" Angeboten etwas entgegensetzen oder müssen Sie diese akzeptieren, da Sie am Anfang jeden Euro brauchen?
- Welchen Stunden- oder Tagessatz können Sie verlangen? Wie viel können Sie auf Ihr Produkt aufschlagen?
- Was gibt der Markt her?
- Was sind Sie bzw. Ihr Produkt wert?

Schwierige Fragen, zu denen es keine Patentlösung gibt.

Um herauszufinden, wie viel Geld Sie eigentlich verdienen müssen, schlage ich Ihnen vor, erst einmal herauszufinden, wie viel Geld Sie brauchen. Es hängt sehr von Ihren persönlichen Lebensumständen ab, wie hoch die einzelnen Posten sind. Ob Sie Alleinverdienerin in einer Familie sind, dazuverdienen wollen oder müssen, Schulden zurückzahlen oder „nur" sich selbst ernähren wollen, macht einen großen Unterschied bei der Berechnung des benötigten Mindesteinkommens.

**CHECKLISTE: Ermittlung der Lebenshaltungskosten**

- Miete oder Hypothekenzinsen samt Tilgung und allen Nebenkosten
- Ausgaben für Kommunikation und Weiterbildung (Telefon, Mobiltelefon, Fax, Internetgebühren, Porto, Fachzeitschriften und -bücher, Seminare und Workshops, Beiträge für Netzwerke
- Ausgaben für Food (Lebensmittel) und Non-Food (Drogerie etc.)
- Kosten fürs Auto sowie andere Transportkosten
- Aufwendungen für Sachversicherungen (Hausrat, Haftpflicht), Lebensversicherung und/oder Rentenversicherung, Berufsunfähigkeitsversicherung und Krankenkasse mit Pflegeversicherung
- Kosten für Bekleidung (an angemessener Berufskleidung können Sie nicht sparen), private Vergnügen, Beiträge für Sportverein etc.
- Rücklagen für den Urlaub
- Steuern (auch Kirchensteuer) und Solidaritätszuschlag
- Wenn Sie Kinder haben, kommen die Kosten für Schule, Nachhilfe, Ausflüge, Sport, Bekleidung etc. hinzu.

Es ist viel Arbeit, alles zusammenzurechnen, aber nur so kommen Sie auf den Betrag, den Sie durchschnittlich jeden Monat erwirtschaften müssen.

Bitte überlegen Sie sich, wie viele Stunden in der Woche oder im Monat Sie arbeiten können oder müssen; entsprechend ermitteln Sie den Stundensatz.

Eine Beispielrechnung

In diesem Beispiel gehen wir von einem monatlichen Bedarf von 3.000 Euro aus, ein Betrag, der für eine Familie mit Kindern durchaus realistisch ist, wenn Sie Miete zahlen, ein Auto haben, für den Kindergarten bezahlen müssen usw.:

| | |
|---|---:|
| Monatliche Lebenshaltungskosten | 3.000 Euro |
| 30 Prozent Steuern pauschal | 900 Euro |
| 40 Prozent Vorsorge pauschal | 1.200 Euro |
| Summe | 5.100 Euro |
| Jahresbedarf | 5.100 × 12 = 61.200 Euro |

Wenn Sie davon ausgehen, dass Sie sechs Wochen im Jahr nicht arbeiten wollen oder können, weil Ihre Kinder Ferien haben und auch mal krank sind, Sie jemanden aus der Familie betreuen und Sie sich Ihren Urlaub wirklich verdient haben, Sie sich evtl. weiterbilden wollen, so müssen Sie diesen Betrag in 46 Wochen erzielen. Das sind dann rund 1.330 Euro in der Woche – bei fünf Arbeitstagen sind das rund 266 Euro pro Tag, bei vier Arbeitstagen ca. 333 Euro. Nun können Sie Ihren benötigten Stundensatz, abhängig von der Zahl der Stunden, die Sie arbeiten können oder wollen, leicht selbst berechnen.

Das aber sind Stunden, die Sie verkaufen wollen, die Ihnen jemand bezahlen soll. Hinzu kommen nun noch die vielen Stunden für Akquise, Recherche, endlose Telefonate. Sie brauchen Zeit für die Konzeptentwicklung beispielsweise einer Homepage oder einer PR-Kampagne, der Messeauftritt muss vor- und auch gründlich nachbereitet werden, sonst war er Zeit- und Geldverschwendung. Zeit für die Vor- und Nachbereitung von Seminaren und Beratung muss ebenso eingeplant werden wie für den Besuch von Netzwerkveranstaltungen und allgemeine Kontaktpflege. Auch Ihr Büro will organisiert sein: Sie müssen Rechnungen schreiben, die Unterlagen für den Steuerberater und das Finanzamt sammeln, ab und zu muss Ihr Büro auch mal gesaugt werden usw. Diese im Fachjargon oft als „unproduktiv" bezeichnete Arbeit benötigt trotz guter Zeitplanung mit „Luft für Zwischenfälle" viele Stunden, die Sie in Ihre Kalkulation mit einbeziehen müssen. Gerade unvorhergesehene Dinge wie ein PC-Absturz oder der Ausfall Ihrer E-Mail-Verbindung kosten sehr viel Zeit und Nerven, sie lassen sich leider nicht mit einplanen. Auch Konzepte lassen sich nicht immer druckreif aus dem Ärmel schütteln.

Übrigens war in unserer Beispielrechnung keine Büromiete vorgesehen, keine Abschreibungen und kein Geld für eine vernünftige Telefonanlage, von ergonomisch gestalteten Büromöbeln einmal ganz abgesehen.

Wenn Sie sich ein Büro anmieten, was am Anfang ja nicht unbedingt sein muss, so berechnen Sie die realistischen Kosten bitte nach dem in der Checkliste „Finanzbedarf" vorgegebenen Schema (s. Abschnitt „Den Finanzbedarf ermitteln"); den Jahresbetrag addieren Sie wieder und teilen das Ergebnis durch 46 (weil Sie ja, wie oben gesagt, nicht volle 52 Wochen im Jahr arbeiten).

### Verkaufen Sie sich nicht unter Preis!

Das Ergebnis zeigt ganz deutlich, dass mit Dumpingsätzen von 30 Euro pro Stunde oder gar darunter wenig zu erreichen ist. Es ist nun Ihre Aufgabe – und das ist wirklich schwer –, Ihren zukünftigen Kundinnen oder Auftraggebern den Wert Ihrer Arbeit, Ihres in vielen Jahren erworbenen Know-hows zum angemessenen Preis zu verkaufen. Die Kunst liegt darin, Ihren Kundinnen und Kunden klarzumachen, dass Sie bzw. Ihre Beratung oder Ihr Konzept diesen Stundensatz wert sind.

Denken Sie nach, was Sie ohne zu murren für einen Friseurbesuch zahlen, was die Kfz-Werkstätte kostet, wie viel Rechtsanwälte verlangen. Überlegen Sie, was Sie für den Informationsabend zu Ihrem Fachthema bezahlt haben, für den Workshop zum Telefontraining oder zur erfolgreichen Verhandlungsführung. Rechnen Sie nach, wie viele Teilnehmer es waren, was an Kosten für Miete, Teilnehmerunterlagen und evtl. Getränke entstanden sein könnte – auch so können Sie relativ gut abschätzen, welches Honorar die Dozentin (vermutlich) bekommen hat. In verschiedenen Frauenzeitschriften gibt es schon seit längerem spezielle „Business-Seiten". Dort werden immer wieder Seminare und Coaching-Termine angeboten. Aus den verlangten Teilnahmegebühren können Sie ebenfalls Ihre Rückschlüsse ziehen. Weitere Tipps bekommen Sie z. B. bei mediafon (www.mediafon.net), hier können Sie beispielsweise erfahren, welche Summe Sie mindestens für einen Vortrag oder für eine Seite Lektorat verlangen sollten. Auch auf www.akademie.de gibt es sehr gute Artikel zum Thema Honorare.

Ein Grund für die häufig gezahlten Dumpingpreise liegt auch bei den Frauen, die lediglich „dazuverdienen" müssen oder wollen. Sie sind über den Ehepartner sozialversichert oder arbeiten beispielsweise als Studentin noch nicht sozialversicherungspflichtig; sie müssen die Kosten für Krankenversicherung und Altersversorgung nicht auf die Stundensätze aufschlagen. Sie arbeiten zu Hause und kalkulieren auch die Kosten für das Büro nicht mit ein. In diesem relativ unfairen Wettbewerb kann die „echte" Selbstständige natürlich nicht mithalten.

Die Kurse und Seminare der öffentlichen Weiterbildungseinrichtungen sind für einen Großteil der Teilnehmerinnen und Teilnehmer nur bezahlbar, weil die Honorare der Lehrkräfte niedrig sind. Bei marktüblichen Kursgebühren bleiben die Teilnehmer weg.

Streng genommen können Sie es sich als Existenzgründerin gar nicht leisten, an Fortbildungszentren, Volkshochschulen oder anderen Weiterbildungsinstituten, die sich zum Teil aus Geldern der Arbeitsagentur finanzieren, zu arbeiten. Wenn Sie es doch tun, beispielsweise, weil Sie sich sagen, ein geringes Honorar sei besser als gar keines, sollten Sie sich jedoch unbedingt darüber im Klaren sein, dass das nur eine Übergangslösung sein kann. Das Positive für Sie daran ist, dass Sie Praxis im freien Sprechen, im Halten von Vorträgen oder im Umgang mit Gruppen bekommen und lernen, Konzepte zu entwickeln. Solche Veranstaltungen können auch dazu dienen, auf sich aufmerksam zu machen, Kontakte zu knüpfen und evtl. Kunden zu gewinnen.

## Trends erkennen

Trends zu erkennen und für das eigene Geschäft richtig zu beurteilen ist nicht einfach. Für viele Marken beispielsweise spielt die Jugendszene eine Rolle, Trends – vor allem aus den Bereichen Sport, Musik und Multimedia – haben dort oft ihren Ursprung und werden von den Erwachsenen kopiert. Ein Trend beispielsweise ist das wachsende Bedürfnis der Menschen nach Sicherheit. Das kann sich auf Sicherheitsprobleme des Internets beim Online-Banking beziehen, aber genauso auf Sicherheitsdienste in öffentlichen Gebäuden oder Verkehrsmitteln (Videokameras in den S-Bahnen) etwa oder Sicherheitsmaßnahmen innerhalb der eigenen vier Wände.

Die Menschen leben immer länger und werden im Durchschnitt immer älter. Für die Bedürfnisse der Älteren hat sich ein spezieller Markt entwickelt: bequeme Bekleidung, spezielle Reiseangebote, spezielle Sport- und Fitnessangebote, alle Arten von Pflegediensten, Anpassung der Wohnungseinrichtungen oder der Pkws an evtl. körperliche Schwächen, z. B. Tastentelefone mit besonders großen Zahlentasten, Mobiltelefone, die mit einer Notruftaste ausgerüstet sind, Audiobooks, Lesegeräte mit einer sehr hohen Vergrößerung, auf die Bedürfnisse und Fähigkeiten der Älteren zugeschnittene Informationsangebote, z. B. sprechende Internetseiten für Sehbehinderte. Auch die Autoindustrie erforscht ihre Käuferschichten und stellt sich auf ältere Kundinnen und Kunden ein. Wichtig ist es, bei allen neuen Ideen darauf zu achten, dass sie die Menschen unterstützen und nicht diskriminieren oder bloßstellen.

Die Zeiten, in denen Vollbeschäftigung ein realistisches Ziel war, sind nicht nur nach meiner Ansicht endgültig vorbei. Lesen Sie die Berichte über den zunehmenden Stellenabbau, die Verlagerung von Arbeitsplätzen ins kostengünstigere Ausland und die Rationalisierung in den Produktionsbetrieben. Mit einer dauerhaften Arbeitslosenquote von mindestens 5,5 % der erwerbsfähigen Bevölkerung (Stand: Januar 2012) werden wir uns wohl abfinden müssen, auch wegen der Euro-Krise.

Was können Sie als Existenzgründerin daraus ableiten?

Je weniger Festangestellte – in Voll- oder Teilzeit – es gibt, desto mehr Freizeit hat der Einzelne zur Verfügung. Abhängig von der zur Verfügung stehenden Kaufkraft kann hier ein erweiterter Markt für Freizeitaktivitäten entstehen. Sie könnten auch Angebote für Erwerbslose, die über wenig oder kein Geld verfügen, entwickeln und über öffentliche, kirchliche oder auch private Träger finanzieren, wobei das in Zeiten knapper Kassen eher weniger Erfolg versprechend erscheint.

Es ist hinreichend erforscht, dass Langzeitarbeitslose unter diesem Stigma, dieser Belastung „ich bin arbeitslos, ich bin Hartz-IV-Empfänger" stark leiden und eine traumatische Störung entwickeln können. Warum gründen Sie nicht eine Trauma-Beratung und suchen sich zur Finanzierung Sponsoren? Sie müssen dafür allerdings die richtige Ausbildung haben und evtl. zertifiziert sein. Übrigens: Auch Sponsorensuche ist eine Geschäftsidee, Ihr Honorar berechnet sich prozentual aus den Beträgen, die Sie bei den Firmen für das Sponsoring einwerben konnten.

Der Weiterbildungsbereich wird boomen: Lebenslanges Lernen ist die Devise, ständige Weiterbildung und die Nutzung der neuen Technik sind Grundvoraussetzungen für alle diejenigen, die mit Erfolg Arbeit suchen und die mehr arbeiten wollen oder müssen. Entsprechend entsteht ein Bedarf an Fitnesstrainerinnen, Reisebegleitern, aber auch Dozentinnen und Trainern sowie Weiterbildungsinstituten aller Art. Auch Erziehungstrends und politische Strömungen haben hier einen großen Einfluss. Nach der viel propagierten Gleichheit der Geschlechter in den späten Sechziger- und Siebzigerjahren ist es heute wieder eher üblich, Mädchen und Frauen separat zu unterrichten.

Durch das Internet und die Fülle an Informationen und technischen Möglichkeiten ergeben sich ebenfalls völlig neue Dienstleistungen, denken Sie an Twitter, Facebook usw., es entstehen völlig neue Märkte und damit neue Probleme bzw. Bedürfnisse, die gelöst bzw. befriedigt werden müssen.

Ein weiteres Feld für Selbstständige bietet die langfristige Energieversorgung. Je abhängiger wir von der Technik werden – überlegen Sie doch einfach, was alles nicht mehr funktioniert, wenn der Strom ausfällt: die elektrisch betriebene Ölheizung und Warmwasserbereitung, das Telefon, der PC usw. –, desto mehr müssen wir uns mit alternativen Energiequellen beschäftigen, die die Umwelt nicht noch mehr belasten. Hier sind Innovationen und Problemlösungen z.B. von Physikerinnen, Biologinnen oder Bio-Chemikerinnen, aber auch Designerinnen und Technikerinnen dringend gefragt. Die Nutzung nachwachsender Rohstoffe könnte mittel- bis langfristig zur Lösung von wirtschafts-, umwelt- und gesellschaftsrelevanten Problemen beitragen. Beispiele: Heizen mit Holz, Strom- und Wärmeerzeugung aus Biogas und fester Biomasse, Schmierstoffe aus nachwachsenden Rohstoffen, die nicht nur biologisch abbaubar sind, sondern auch qualitative Vorteile haben. Nachwachsende Rohstoffe bieten die Chance für innovative Entwicklungen, aus ihnen können Produkte hervorgehen, die sich weltweit vermarkten lassen. (Quelle: Fachagentur Nachwachsende Rohstoffe: www.nachwachsende-rohstoffe.de mit den entsprechenden Themenportalen)

Neue Geschäftsideen finden Sie möglicherweise auf Fachmessen und bestimmt auch, wenn Sie sich mit der Literatur zur Trendforschung beschäftigen. Zukünftige Strömungen und Megatrends werden beispielsweise von Matthias Horx und Stefan Grünewald in ihren jeweiligen Büchern und Reports beschrieben. Alle aktuellen Themen können zu Trends und damit zu Geschäftsideen führen. Noch einmal zur Verdeutlichung, wie Sie selbst sehr gut aus den Ihnen zur Verfügung stehenden Informationen wie z. B. einer Zeitung Trends erkennen bzw. Marktnischen finden können:

Immer wieder wird von Lebensmittelskandalen berichtet, die uns darauf aufmerksam machen, wie wichtig staatliche Kontrollen und vor allem eine gesunde, bewusste Lebensweise sind. Viele Schulen bieten Ganztagesbetreuung an, vielleicht wäre ja eine gesunde und bezahlbare Mittagsverpflegung für die Kinder eine gute Idee? Gerade junge Familien sind sehr daran interessiert, gesundes und unbelastetes Essen für ihre Kinder kaufen zu können. Mit einem Lieferservice könnte wöchentlich frisches Obst und Gemüse, Brot und Käse zu den Kundinnen gebracht werden, selbstverständlich mit Qualitätssiegel. Auch die Diskussionen um genmanipulierte oder verseuchte Lebensmittel (BSE, Vogelgrippe oder einfach nur unappetitlich vergammeltes Fleisch) können Ängste und Befürchtungen auslösen und Ihnen neue Kundschaft bringen, wenn Sie glaubhaft machen können, dass Ihre Lebensmittel einwandfrei sind und bestimmten Qualitätskriterien entsprechen. In dieselbe Richtung geht der Trend zu ökologisch unbelasteter Kleidung. Je mehr Allergien und Unverträglichkeiten entstehen, desto stärker wächst das Bedürfnis nach naturbelassener und unbehandelter Kleidung. Ein weiteres Beispiel für eine an sich einfache Gründungsidee ist die „Teekampagne" von Günter Faltin, Professor an der FU Berlin, der seit 1995 Marktführer im deutschen Teeversandhandel ist. Die Lagerkosten werden auf die Kundschaft abgewälzt, man kann nur ein- oder zweimal im Jahr seinen Darjeeling bestellen.

**Setzen Sie sich mit den Trends unserer Zukunft auseinander: Was wird anders sein? Auf was sollten Sie sich einstellen, welche Veränderungen können stattfinden?**

Einige Beispiele:

- Kinder und Jugendliche sehen heute im Durchschnitt etwa 10 bis 15 Minuten täglich fern, surfen aber drei bis vier Stunden im Netz und sind regelmäßig Gast auf Facebook, wo sie oft mehr preisgeben, als ihnen klar ist. (Quelle: www.trendletter.de/trends/trends-der-zukunft)

- Nachhilfe bereits in der Grundschule
- Verstärkte Gründung von Privatschulen
- Viele Produkte sind austauschbar, was lockt und hält den Kunden?
- Was für Engpässe gibt es? Denn neue Dinge und Verfahren werden im Allgemeinen erst bei gravierenden Engpässen erfunden.

Die wirklich existenziellen Fragen, die sich jede Unternehmerin und jeder Unternehmer immer und immer wieder stellen muss, lauten:

- Welche Trends lassen sich für die Märkte der Zukunft erkennen?
- Welche neuen Technologien wird es geben, und wie werden sie sich auf uns und unsere Wirtschaft auswirken?

Welche Schlussfolgerungen können Sie für Ihre Existenzgründung und auch für sich privat ziehen, wenn Sie wissen, dass sich das Konsumentenverhalten sehr geändert hat, in sehr vielen Haushalten nicht nur ein PC oder Laptop, sondern noch ein iPhone und eine Digitalkamera vorhanden sind, Bücher, Software und DVDs übers Internet bestellt werden? Hörbücher die üblichen gebundenen Bücher ersetzen? Welche Geschäftsideen fallen Ihnen dazu ein?

## Das richtige Marketing

Um Ihr Produkt oder Ihr Warenangebot bzw. Ihre Dienstleistung erfolgreich am Markt zu platzieren, brauchen Sie zuallererst ein gutes Marketingkonzept. Es muss auf jeden Fall zu Ihnen und Ihrem Stil passen.

Häufig wird Marketing einfach mit Werbung gleichgesetzt. Doch Marketing ist sehr viel mehr als nur Werbung: Erkennen Sie zukünftige Trends, dafür brauchen Sie Branchenkenntnis. Ihr Angebot muss auf die Bedürfnisse Ihrer zukünftigen Kundinnen und Kunden zugeschnitten sein: Überlegen Sie, wie Sie sich am Markt einführen und behaupten wollen, Sie benötigen ein Konzept für Absatz und Vertrieb und selbstverständlich auch eine Preispolitik. Standortnachteile – auch für Ihre Kunden –, die Sie eventuell in Kauf nehmen, können Sie durch geschicktes Marketing ausgleichen. Lassen Sie sich von anderen Firmen anregen und inspirieren. Welche Werbung gefällt Ihnen, welche Image-Kampagne ist Ihnen aufgefallen, was davon können Sie für sich übernehmen? Ein Werbe- oder Marketingprofi kann Ihnen bei der Marktanalyse ebenso behilflich sein wie bei der Produktpolitik und der Auswahl der Werbemittel. Zu einem guten Marketingkonzept gehören alle Maßnahmen und Strategien, durch die aus Ihrer neu zu gründenden Firma ein markt- und kundenorientiertes Unternehmen wird.

## Auf Ihr ganz spezielles Angebot kommt es an

Sammeln Sie alle Daten zum Markt, die irgendwie für Sie von Bedeutung sein können, und werten Sie sie aus. Dazu gehört beispielsweise, dass Sie herausfinden, welche Bedürfnisse nicht befriedigt sind, welche Probleme Ihre potenzielle Kundschaft hat, für die Sie eine maßgeschneiderte Lösung anbieten können. Was könnten Ihre zukünftigen Kundinnen und Kunden benötigen, das Sie ihnen zur Verfügung stellen können?

Wenn Sie beispielsweise einen Obst- und Gemüseladen eröffnen möchten, könnten Sie Ihr Angebot etwa mit speziellen Gewürzen oder besonderen Tees erweitern und ergänzen. Bieten Sie unterschiedliche, bereits vorgefertigte Obstsalate an oder brillieren Sie mit Ihren Kenntnissen über ayurvedische Kräuter. Ihr Geschäft wird dann besonders attraktiv, wenn der Kunde für andere Produkte, die er benötigt, nicht noch in ein weiteres Geschäft gehen muss, wenn er Zeit spart oder Zusatzinformationen erhält. Arbeiten Sie als Freiberuflerin, sollten Sie ebenfalls einen konkreten Mehrwert anbieten können. Wenn Sie beispielsweise als Redakteurin Texte verfassen, könnten Sie auch das passende Bildmaterial zum Thema zuliefern. Wollen Sie als Web-Fachfrau kleineren Firmen den Internetauftritt gestalten, so könnten Sie neben der Erstellung einer Website und der regelmäßigen Pflege und Aktualisierung der Daten vielleicht auch Seminare über die Internetnutzung oder über Datensicherheit abhalten. Falls Sie Finanzdienstleistungen anbieten, wären Vorträge, die sich mit dem Thema „sichere

Geldanlage" und dem Börsencrash beschäftigen, ein durchaus attraktives Angebot. Ein Beispiel aus meinem Kundenkreis: Standbein Nr. 1 ist der Großhandel für Bio-Bergkäse, Standbein Nr. 2 sind Internetdienstleistungen, die auch der Käsekundschaft mit angeboten werden könnten (Websites: www.berggenuss.de und www.montviso.de).

### Die richtige Zielgruppe ansprechen

Um die richtige Zielgruppe für Ihr Produkt oder Ihre Dienstleistung zu ermitteln, sollten Sie folgende Fragen beantworten können.

**CHECKLISTE: Zielgruppe**
- Wer braucht mein Produkt oder meine Dienstleistung? Wen unterstütze ich mit meiner Beratung?
- Wer sind meine potenziellen Kundinnen und Kunden?
- Wie viele Menschen brauchen mein Angebot? Wie oft?
- Wen will ich ansprechen? Berufstätige Mütter mit kleinen Kindern? Singles? Senioren? Internetnutzer? Sportler oder kleine Handwerksbetriebe, denen der „Bürokram" über den Kopf wächst? Geschäftsreisende oder Alleinerziehende?
- Welche Zielgruppe benötigt beispielsweise mein Benimm-Seminar, welche Zielgruppe schickt ihre Kinder in eine Computerschule?

Die ermittelten Zielgruppen (sie werden auch Teilmärkte oder Marktsegmente genannt) können Sie gezielt mit Ihrem speziellen Angebot ansprechen. Wichtig ist, dass die Zielgruppe zu Ihnen passt, besser, dass Sie zur Zielgruppe passen: dass Sie sich in sie hineinversetzen können und wissen, welche Bedürfnisse sie hat, wie sie „tickt". Sie können also beispielsweise keinen Laden für Segelbekleidung und Segelzubehör eröffnen, wenn Sie Backbord und Steuerbord nicht unterscheiden können, denn die Kundin will gut beraten sein und sich verstanden fühlen. Es wird Ihre Aufgabe sein, im weitesten Sinne als „Problemlöserin" aufzutreten.

## Den Wettbewerb analysieren

Damit Sie auf Dauer erfolgreich sein können, müssen Sie nicht nur Ihre Zielgruppe, sondern auch Ihre Mitbewerber am Markt kennen. Nach der Erarbeitung einer Zielgruppenanalyse sollten Sie deshalb die Konkurrenzsituation genau untersuchen.

**CHECKLISTE: Konkurrenzanalyse**

- Was machen meine Mitbewerber/-innen? Worin sind sie gut, worin weniger? Was fehlt am Angebot meiner Konkurrenz, wie passe ich da mit meinem Angebot hinein? Was kann ich besser?
  Die Analyse der Konkurrenz ist sehr wichtig, um die richtigen Marketingstrategien zu entwickeln.
- Wer sind die „anderen", was machen die anderen, und – vor allem – wie machen sie es?
  Sie müssen möglichst genau wissen, wer Ihre Mitbewerber/-innen sind und wie sie sich am Markt verhalten.

■ Welche Strategien verfolgen sie, welche Preise können erzielt werden? Was wird an Serviceleistungen geboten? Wie ist die wirtschaftliche und finanzielle Lage der Konkurrenz? Konkurrenzanalyse können Sie erst einmal selbst betreiben: Gehen Sie in Läden und Geschäfte und überlegen Sie, was Ihnen daran gut gefällt, was Sie besser machen würden, prüfen Sie Preise und Aufmachung. Auch auf einer Messe können Sie gut studieren, was die anderen machen und was Sie bereits selber besser machen. Sie können auch einen Kollegen bitten, für Sie bei einem Mitbewerber ein Angebot einzuholen.

■ Was gefällt Ihnen an diesem Fitness-Studio, was bietet jene Frauen-Computer-Schule? Gibt es wirklich, wie angekündigt, für jede Teilnehmerin einen eigenen Rechner? Wann gibt es Flauten oder „Sommerlöcher" bzw. Sonderaktionen oder spezielle Trainingstage?
Beschaffen Sie sich Informationsmaterial wie etwa Preislisten, Anzeigen und Prospekte der Konkurrenz. Hilfreich ist auch oft die örtliche IHK oder der passende Fachverband. Nun können Sie überlegen, was an Ihrem Angebot das Besondere ist. Worin sind Sie einzigartig?

■ Wieso sind Sie einzigartig? Welchen Vorteil hat Ihre Kundin, wenn Sie zu Ihnen kommt und nicht zur Konkurrenz? In der Fachsprache: Was ist Ihre USP (unique selling proposition), Ihr einzigartiges Verkaufsversprechen? Welchen Zusatznutzen könnten Sie Ihren Kundinnen bieten?
In einem Fitness-Studio wäre beispielsweise ein Masseur oder ein angeschlossenes Kosmetikstudio ebenso ein Zusatznutzen wie das (kostenlose) Ausleihen von Handtüchern oder eine Kinderbetreuung. Bei einem Seminar freut man sich über die für jeden Teilnehmer bereitliegenden

Unterlagen, eine angenehme Atmosphäre und nicht zuletzt in der Pause über heiße Getränke und eine Kleinigkeit zu essen. Wenn Sie etwa nach einem Vortrag mit dem Thema „Wie präsentiere ich mich auf einer Messe?" den Teilnehmern eine nützliche Check- und To-do-Liste per E-Mail zusenden, wertet dieser Zusatznutzen Ihr Angebot auf. Natürlich könnten Sie in dieser Mail gleich auch Ihr neues Seminarangebot zum Thema Messepräsentation mitschicken und damit Druckkosten für Flyer und Porto für den Versand sparen.

## Die richtigen Marketinginstrumente nutzen

Wenn Sie alle „Aufgaben" gründlich erledigt haben, können Sie sich an die Umsetzung machen. Welche Marketinginstrumente sind für Sie die richtigen, was kosten sie, und über welchen Zeitraum wollen Sie diese einsetzen?

Um die richtige Strategie zu verfolgen, sollten Sie sich über Ihre Ziele hundertprozentig im Klaren sein:

**CHECKLISTE: Marketingstrategien**

■ Was genau wollen Sie erreichen? Wollen Sie beispielsweise wegen der Kinder, der pflegebedürftigen Angehörigen oder weil Sie noch eine Teilzeitstelle haben, nur „klein" anfangen und maximal 15 bis 20 Stunden pro Woche arbeiten? Dann wäre eine große Werbekampagne bestimmt nicht das Richtige, da Sie die hereinkommenden Aufträge womöglich gar nicht erledigen könnten und so Ihre Kundinnen und Kunden für immer verprellten.

- Wie viele Seminare können und wollen Sie abhalten, wenn Sie realistische Vorbereitungszeiten einkalkuliert haben?
- Wenn Sie einen Laden, vielleicht mit Filiale, oder einen ambulanten Pflegedienst eröffnen, brauchen Sie Personal. Wie viele Personen brauchen Sie – für wie viele Stunden täglich?
- Welchen Umsatz/Gewinn wollen oder müssen Sie erzielen?
- Welche Rolle wollen Sie am Markt spielen? Wollen Sie Freelancerin bleiben, ein Unternehmen mit vielen Angestellten haben, nur regional oder auch bundesweit bekannt werden? Ist „Unternehmerin des Jahres" zu werden ein Ziel für Sie?
  Um sich auf die Zukunft vorzubereiten, muss vorausschauend geplant werden. Dazu werden Visionen über Sortimente, Standort, Betriebstyp und Vertriebswege benötigt, über Marktbedingungen und Rahmenbedingungen. (Quelle: BBE-Unternehmensberatung, www.bbe.de)

### Der Marketing-Mix

Um ein Marketingkonzept zu erstellen, können Sie mit den Mitteln des sog. Marketing-Mix arbeiten, der aus vier Instrumenten besteht:

- Produkt bzw. Produktpolitik (Was bieten Sie an?): Ihr Dienstleistungsangebot oder das Warensortiment Ihres Ladengeschäfts.
- Preis bzw. Preispolitik: Diese hängt zum einen von Ihren Kosten ab, zum anderen von dem, was der Markt „hergibt". Hierzu gehört der Preis, den die Kundschaft bezahlen muss (Endabnehmerpreis), Ihr Einkaufspreis

beim Großhändler oder Vertreter und Ihre Preiskalkulation, nach der Sie etwa Stunden- oder Tagessätze für bestimmte Dienstleistungen verlangen.

■ Vertrieb oder Distribution: Die Kundin, der Kunde muss leicht an das Produkt herankommen und ebenso leicht die benötigten Informationen über die Dienstleistung erhalten; auch Warenbeschaffung bzw. Lagerhaltung gehören in diesen Bereich.

■ Kommunikation: Hierzu gehören die klassische Produkt- oder Imagewerbung, alle Aktionen zur Verkaufsförderung und die Öffentlichkeitsarbeit (PR). Gerade durch geschickt gewählte PR-Maßnahmen, z. B. einem kleinen Artikel im lokalen Wochenblatt über Ihre Geschäftseröffnung oder eine Erwähnung Ihres Seminars in einem Newsletter, können Sie viel Geld sparen, das Sie sonst z. B. für Anzeigen oder Beilagen ausgeben müssten.

Für viele noch neu ist das sog. virale Marketing, eine Art Mund-zu-Mund-Propaganda. Web-Unternehmer, die ihre Produkte über das digitale Netz ausbreiten wollen, versuchen gezielt über virales Marketing, ein Angebot so am Markt zu platzieren, dass es sich von selbst in der Bevölkerung ausbreitet, z. B. indem es von den Benutzern an Bekannte und Freunde weiterempfohlen wird. Lange „wurde versucht, mit den Methoden der klassischen Werbung Marken aufzubauen – wie bei Waschmitteln. Das kostete Unsummen, die in keinem Verhältnis zu den zu erzielenden Erlösen standen, und zudem brachte es häufig viel weniger Nutzer als man sich erhofft hatte." (Quelle: Newsletter der LMU EC News: LMU Entrepreneurship Center, 25.02.2010)

**TIPP:** Beginnen Sie rechtzeitig vor der eigentlichen Gründung mit PR-Maßnahmen, d.h. mindestens einige Wochen, wenn nicht Monate vorher (einen Messeauftritt müssen Sie frühzeitig planen und buchen, Flyer müssen entworfen, gedruckt und verteilt werden), und machen Sie auf sich und Ihr Produkt gezielt aufmerksam. Planen Sie ausreichend Mittel für regelmäßige Werbemaßnahmen ein, das sichert Ihren Unternehmenserfolg.

### Den richtigen Standort wählen

Abhängig von Ihrem Angebot spielt der richtige Standort – vor allem bei Ladengeschäften oder anderen Räumlichkeiten mit viel Kundenverkehr – eine große Rolle. Wenn Sie als Dienstleisterin in Ihrem Büro zu Hause sitzen und eine neue Website für einen Kunden gestalten, ist der Standort natürlich nebensächlich. Sobald Sie aber etwas größer einsteigen wollen, eine Praxis eröffnen und von Anfang an direkt mit Kunden oder Patienten zu tun haben, ist es von entscheidender Bedeutung, wo sich Ihr Geschäft oder Ihr Büro befindet, denn Sie müssen gut zu erreichen sein und es sollte eine „gute" Adresse sein. Möglicherweise genügt es ja für den Anfang, sich in eine Bürogemeinschaft einzumieten. Oft bieten auch Gründerzentren günstig Räume an, die Sie tage- und auch monatsweise anmieten können. Es gibt gemeinsam nutzbare Besprechungsräume, eine Teeküche, in der Sie zwanglos Kontakt zu anderen Gründerinnen bekommen, und eine gemeinsame (Empfangs-)Sekretärin. Als Teil des Marketingkonzeptes gehört das Thema Standort in Ihren Businessplan, auch wenn Sie im Home-Office arbeiten.

Die Wahl des Standorts hängt natürlich sehr stark von der Art Ihrer Existenzgründung ab: In kleinen Gemeinden beispielsweise sind die Hebesätze für die Gewerbesteuer deutlich niedriger als in Großstädten und Ballungszentren, dafür sind Sie dann aber möglicherweise „auf dem Land"/in der Provinz. Wenn Sie auf qualifiziertes Personal angewiesen sind, finden Sie in einem strukturschwachen Gebiet wahrscheinlich nicht so leicht gut ausgebildete Mitarbeiter/-innen, zahlen dafür aber wahrscheinlich geringere Gehälter. Je nach Bundesland gibt es unterschiedliche Förderprogramme, die bestimmte Branchen oder sogar Regionen fördern. Auch das kann bei der Standortwahl ausschlaggebend sein.

Eine Reihe weiterer Faktoren sollten Sie ins Kalkül ziehen. Zunächst einmal spielen die sog. demografischen Faktoren eine Rolle. Darunter versteht man etwa die Zahl der Einwohner bzw. Haushalte, die Bevölkerungsdichte und die Bevölkerungsentwicklung. Wichtig ist auch die Struktur der Bevölkerung, also die Einteilung in Altersklassen, nach Geschlecht oder Nationalität sowie die Zusammensetzung der Haushalte. Aus der Erwerbs- und Sozialstruktur lassen sich die Erwerbsarten und -quoten erkennen. Schließlich sollen die wirtschaftlichen Faktoren Berücksichtigung finden. Hierzu zählen die Einkommensverhältnisse. Es gibt Zahlen über Art und Höhe des Einkommens, die Konsumbzw. Sparquote wird berechnet; auch die Höhe der Ausgaben für verschiedene Konsumzwecke lässt sich statistisch ermitteln. Weiterhin zählt das Marktpotenzial zu den wirtschaftlichen Faktoren. Hier wird ermittelt, wo die Kaufkraft liegt, ob es z. B. durch sog. Berufspendler- und Einkaufspendlerströme zu Verschiebungen kommt. Auch der (oft nur saisonale) Fremdenverkehr gehört hierher.

Diese Zahlen erhalten Sie entweder bei der für Sie zuständigen Industrie- und Handelskammer oder bei den jeweiligen Statistischen Landesämtern; bequemer geht es im Internet (www.destatis.de oder www.statistik-portal.de), hier finden Sie übrigens auch für viele andere Recherchen die benötigten Fakten und Zahlen.

Wichtig für die Standortanalyse sind zudem die psychologischen und sozialpsychologischen Faktoren, die Lebensgewohnheiten, wie etwa der Lebensstandard, das Verhältnis von Arbeitszeit und Freizeit, auch wann gearbeitet wird oder der Grad der Motorisierung. Beispielsweise können die Einkaufsgewohnheiten Ihrer zukünftigen Kundschaft interessant für Sie sein. Wie oft wird eingekauft und zu welchen Zeiten? Welche Beträge werden ausgegeben? Wie weit fährt (oder geht) die Kundin zum Bio-Laden? Eine genaue Betrachtung der Infrastruktur – Citylage, Vorort oder „grüne Wiese" – ist erforderlich. Denn die Lage beeinflusst entscheidend Ihre Produktpolitik. Auch die Verkehrsanbindung ist von Bedeutung. Wie ist die Verkehrslage, welche (öffentlichen) Verkehrsmittel werden benutzt? Wie weit ist es zu den jeweiligen Haltestellen oder Bahnhöfen? Wie verlaufen die Passantenströme, d. h., wie und wo gehen die Leute über die Straße? Gibt es Ampeln, an denen sie warten müssen und

Zeit haben, Schaufenster oder Werbetafeln zu betrachten, kommen sie an Ihrem Geschäft vorbei? Hat Ihr zukünftiges Geschäft vielleicht ein Vordach, unter dem Passanten bei Regen stehen bleiben und Ihre Auslagen betrachten können? Gibt es ausreichend Parkplätze? Checken Sie gründlich die Konkurrenzsituation. Wie viele Geschäfte gibt es in unmittelbarer Nähe, die das Gleiche oder sehr Ähnliches anbieten wie Sie? Vergleichen Sie die Konkurrenten untereinander, und vergessen Sie dabei nicht den alten Spruch: Konkurrenz belebt das Geschäft. Wichtig ist das richtige Umfeld: Wenn Sie Dinge des täglichen Bedarfs anbieten, passt z. B. ein Lebensmittelladen gut neben eine Drogerie. Um Zeitungen zu verkaufen, brauchen Sie unbedingt Laufkundschaft, hier wäre z. B. ein Laden an einer U-Bahn-Station günstig.

Falls Sie mit dem Gedanken spielen, endlich den Laden oder das besondere Café aufzumachen, von dem Sie schon immer geträumt haben, sollten Sie auch die kleinräumlichen, objektbezogenen Faktoren berücksichtigen. Dazu gehören beispielsweise die Möglichkeiten zur Gestaltung der Außenfront, die Größe des Verkaufsraumes, der Schaufenster und des Lagers und, ganz wichtig für Kunden und Lieferanten, mögliche Halte- oder Parkverbote.

Nicht außer Acht lassen dürfen Sie die Höhe der Miete, die Sie sich leisten können bzw. die Sie zahlen müssen, um bestimmten Anforderungen gerecht zu werden. Berücksichtigen Sie auch die sog. zweite Miete in Form von Müll-, Wasser- und Energiekosten, die in manchen Großstädten bereits mehr als ein Drittel der Grundmiete ausmacht. Steuern und

Abgaben sind je nach Standort unterschiedlich, die Gewerbesteuer ist in den Gewerbegebieten der Vororte deutlich niedriger als in Stadtzentren. Auch die Beachtung gesetzlicher Bestimmungen wie z. B. der Ladenöffnungszeiten oder die rechtzeitige Ermittlung baupolizeilicher Vorschriften gehört zur Standortanalyse.

Ohne genaue Kenntnisse des Marktes und der Konsumgewohnheiten können Sie die Standortfrage also kaum entscheiden.

## Den Finanzbedarf ermitteln

Die richtige Finanzierung und damit auch die richtige Finanzplanung spielen für das Gelingen Ihrer Existenzgründung eine entscheidende Rolle.

Am besten ermitteln Sie Ihren Kapital- und Finanzierungsbedarf, wenn Sie sich sowieso mit den Unterlagen für Ihren Businessplan beschäftigen. Besuchen Sie Seminare zur Existenzgründung, die von Gründungszentren, den IHKs, Volkshochschulen und vielen anderen Einrichtungen angeboten werden, auch wenn Sie keine öffentlichen Fördermittel beantragen wollen: Sie sind dadurch gezwungen, alle Zahlen zusammenzustellen, man wird Sie auf mögliche Schwachstellen hinweisen und Ihnen zeigen, wie Sie diese beseitigen können. Warum versuchen Sie es nicht auch gleich mit einem Wettbewerb speziell für Gründerinnen, z. B. beim „BEST CONCEPT Geschäftsideen-Wettbewerb für Gründerinnen in Bayern" (Informationen unter:

www.effekt-online.de, Stand 2009)? Wettbewerbe für Existenzgründer finden Sie bundesweit (z. B. im Internet in den üblichen Suchmaschinen), dazu sehr viele regionale, aber auch überregionale, sie werden z. B. von den Sparkassen, den IHKs und auch den Universitäten ausgeschrieben, siehe hierzu auch das Kapitel „Der Businessplan".

**CHECKLISTE: Finanzbedarf**

- Investitionen: Gebäude und Grundstücke, evtl. Umbaumaßnahmen, Maschinen und Geräte, Geschäfts- oder Ladeneinrichtung, Patente und Lizenzen, Fahrzeug und Reserve für Unvorhergesehenes (etwa 10 Prozent der Gesamtsumme). Dazu gehören auch PC bzw. Laptop, Drucker, Scanner, Faxgerät, Kopierer.
- Kurzfristige Investitionen: Material- und Warenlager.
- Personalkosten: Löhne und Gehälter, dazu gehören auch Aushilfen, Honorare für freie Mitarbeiter und Ihr eigenes „Gründerinnengehalt" bzw. Ihre Privatentnahme.
- Betriebsmittel: Büro- und Verwaltungskosten, Miete bzw. Pacht, Zinsen.
- Gründungskosten: Genehmigungen, Beratungen, PR und Marketing sowie Markteinführung.

Wenn finanzielle Planung nicht gerade Ihre Stärke ist, sollten Sie sich bei der Erstellung Ihres Finanzplanes kompetente Unterstützung holen, damit Sie sicher sein können, nichts Wesentliches übersehen zu haben. Lassen Sie sich diese Arbeit auf gar keinen Fall vollständig abnehmen: Der Finanzplan soll ja aus Ihren strategischen Überlegungen heraus entstehen, Sie selbst müssen ihn entwickeln, daran arbeiten und gegebenenfalls an veränderte Umstände oder Bedingungen anpassen.

Die vorstehende Checkliste zur Ermittlung Ihres Finanzbedarfs gibt nur eine grobe Übersicht über die typischen Positionen, die Sie an Ihre Verhältnisse anpassen, einige Positionen werden Sie zumindest am Anfang der Gründung nicht betreffen.

Die Höhe der Privatentnahme, Ihr „Gründerinnengehalt", soll Ihren persönlichen Lebensunterhalt decken. Rechnen Sie auch hier gründlich und ohne zu mogeln, wie viel Sie jeden Monat mindestens benötigen. Anhand Ihrer Kontoauszüge können Sie ja sehen, wie viel Sie an Miete und Nebenkosten, für Telefon, Versicherungen, Lebensmittel und Bekleidung, Kultur und Sport sowie an Vereinsbeiträgen bezahlen.

### Der Kostenplan

Als Nächstes stellen Sie einen detaillierten Kostenplan auf, zunächst einmal für die nächsten zwölf Monate. Die anfallenden Kosten werden unterteilt in fixe Kosten – sie sind unabhängig vom Umsatz – und variable Kosten – diese sind abhängig vom Umsatz.

Zu den fixen Kosten gehören: Miete inkl. Nebenkosten, Lohn- und Gehaltszahlungen, Energiekosten, Kommunikation (Telefon, Fax, Internet, Porto), Kfz (ohne Abschreibungen), Wartungsverträge für Anlagen, Beiträge, Versicherungen, Zinsen für Fremdkapital, Gerätemiete und Leasing, Marketing, Büromaterial, Sonstiges.

Versuchen Sie, den Fixkostenblock so niedrig wie möglich zu halten, denn diese Kosten entstehen jeden Monat, gleichgültig, ob Sie (k)einen Euro oder viele tausend eingenommen haben. Viele Existenzgründerinnen und -gründer scheitern gerade am Anfang, weil sie die Kosten zu niedrig und den Umsatz, also die Einzahlungen, zu hoch eingeschätzt haben.

Zu den umsatzabhängigen, variablen Kosten gehören: Roh-, Hilfs- und Betriebsstoffe und Handelswaren, Fracht und Versand, Provisionen, zusätzliches Aushilfspersonal für Umsatzspitzen, Garantieleistungen, evtl. Nachbesserungen, Unvorhergesehenes.

Da die variablen Kosten in Abhängigkeit vom Umsatz steigen, wollen wir sie hier vernachlässigen, richtig kritisch ist für Sie ein zu hoher Fixkostenblock.

### Der Umsatzplan

Eine realistische Umsatzplanung ist wohl der schwierigste Teil bei der Finanzplanung. Bei der Kostenplanung helfen Ihnen lange Checklisten, keinen Posten zu vergessen. Die richtigen Summen für die Umsatzplanung herauszufinden ist schon wesentlich schwieriger.

Zunächst müssen Sie zwischen dem notwendigen Mindestumsatz und dem realistisch zu erreichenden Umsatz unterscheiden.

Der für Sie notwendige Mindestumsatz berechnet sich aus Ihren monatlichen Lebenshaltungskosten inkl. privaten Mietkosten und Versicherungen zzgl. der anfallenden Kosten wie beispielsweise Büromiete und Gehälter. Wenn Ihnen diese Angaben zu vage sind, können Sie sich bei der örtlichen IHK erkundigen oder auch auf die Richtsatzsammlung des Bundesministeriums für Finanzen zurückgreifen, die Sie z. B. bei der IHK Hannover finden (www.hannover.ihk.de bzw. www.ihk-startup.de). Dort können Sie nachlesen, wie hoch die durchschnittliche Umsatzrendite in Ihrer Branche ist. Wenn in Ihrer Branche eine Umsatzrendite von 15 Prozent üblich ist und Sie einen monatlichen Reingewinn von 6.000 Euro erzielen möchten, so beträgt Ihr notwendiger Umsatz 480.000 Euro pro Jahr. Natürlich sind das nur Näherungswerte; wenn Sie höhere Kosten haben und die Umsatzrendite bei Ihnen deshalb nur 12 Prozent beträgt, so müssen Sie schon 600.000 Euro pro Jahr umsetzen, um zum gleichen Ergebnis zu kommen. Die Frage ist natürlich nun, ob dieser Umsatz in Ihrem Fall realistisch ist und Sie ihn in absehbarer Zeit erreichen können.

### Die Gewinnplanung

Wenn Sie Kosten- und Umsatzplanung abgeschlossen haben, können Sie sich daran machen, Ihren Gewinn zu berechnen. Sehr grob vereinfacht sieht das dann so aus:

Netto-Umsatzerlöse (ohne Mehrwertsteuer)
abzüglich Netto-Wareneinsatz (ohne Vorsteuer) = Rohertrag
abzüglich Kosten (Personal-
und Sachkosten aus dem Plan)                     = Gewinn vor Steuern
abzüglich Einkommensteuer,
bei GmbH auch Körperschaftsteuer          = Gewinn nach Steuern

Je nach Ertragslage fallen für die ersten ein bis zwei Jahre Ihrer Selbstständigkeit noch keine Steuern an, trotzdem sollten Sie Ihre Planungen – also den Soll-Zustand – regelmäßig mit dem Ist-Zustand vergleichen, damit es zu keinen Überraschungen kommt. Selbstverständlich geben Sie von Anfang an jährlich Ihre Einkommensteuererklärung ab – auch wenn Sie nichts verdient haben, weil Ihre Ausgaben höher waren als die Einnahmen. Planen Sie Steuervorauszahlungen ab dem zweiten Jahr in Ihre Liquiditätsplanung mit ein. Mir ist es sehr wichtig, Ihnen klarzumachen, dass Ihr Gewinn auf längere Sicht deutlich höher sein muss als die Aufwendungen für Ihren Lebensunterhalt. Es ist notwendig und auch sinnvoll, zumindest grob auch für das dritte Jahr zu planen, denn spätestens im dritten Jahr Ihrer Existenzgründung beginnt meistens die Tilgung (also die Rückzahlung) der in Anspruch genommenen Kredite – der Gewinn sollte Ihr Unternehmen stärken und seine Finanzkraft erhöhen.

**TIPP:** Legen Sie monatlich etwa ein Drittel Ihres Gewinns für spätere Steuerzahlungen zur Seite, dann haben Sie zukünftig keine Liquiditätsprobleme.

### Die Liquiditätsplanung

Neben der Kostenplanung brauchen Sie eine fundierte Liquiditätsplanung. Ihren Liquiditätsplan können Sie erstellen, wenn Sie aus Ihren Planungen wissen, mit welchen Ausgaben und Einnahmen Sie rechnen können. Um jederzeit (damit meine ich wirklich täglich!) Ihre finanziellen Verpflichtungen erfüllen zu können, müssen Sie für ausreichende Liquidität sorgen.

Liquidität heißt, dass Sie jederzeit alle Verbindlichkeiten bezahlen können, dass Sie liquide, also flüssig sind; es heißt jedoch nicht, dass Sie das von Ihrem eigenen Geld, also vom Eigenkapital, bezahlen müssen. Ausreichend hohe Kreditlinien (und diese Beträge sollten Sie auch so genau wie möglich berechnen) schaffen ein beruhigendes Liquiditätspolster.

**TIPP:** Nehmen Sie Ihre Kreditlinie nach Möglichkeit nicht voll in Anspruch, um Reserven zu haben, bzw. sprechen Sie bei finanziellen Problemen rechtzeitig mit Ihrer Hausbank, nicht erst, wenn es zu spät ist.

Bei Ihrer Liquiditätsplanung gehen Sie am besten davon aus, dass alle Rechnungen, die Sie zu bezahlen haben, sehr schnell kommen, dass aber im Gegensatz dazu alle Rechnungen, die Sie stellen, sehr schleppend bezahlt werden. Stellen Sie Ihre Rechnungen immer zügig, und sorgen Sie von Anfang an für ein gut organisiertes Mahnwesen.

# Eigenkapital

Im ersten Schritt haben Sie festgelegt, wie viel Geld Sie in den kommenden Monaten und Jahren benötigen; in einem zweiten Schritt müssen Sie sich überlegen, woher das Geld kommen soll. Oft verfügen Existenzgründerinnen nicht über ausreichende Eigenmittel.

Ermitteln Sie zunächst Ihr Eigenkapital, vielleicht ist es ja mehr, als Sie denken, oder Ihnen fällt noch die eine oder andere Möglichkeit ein, an Eigenkapital zu kommen. Zum Eigenkapital gehören zunächst Ihre flüssigen Mittel wie Bankguthaben und Bargeld, dazu möglicherweise ein Wertpapierdepot, ein Grundstück oder eine Eigentumswohnung, aber auch Patente oder eine Lebensversicherung, die Ihnen als Sicherheit dienen könnte. Natürlich gehört auch eine Abfindung dazu, wenn Sie aus einer Festanstellung kommen.

**CHECKLISTE: Eigenkapital**
- Wie hoch ist die Summe der Ersparnisse?
- Können Sie bis zu Beginn der geplanten Gründung noch Beträge ansparen, z.B. aus Gehaltszahlungen oder Abfindungen?
- Haben Sie eine Kapitallebensversicherung oder Bausparverträge?
- Haben Sie sog. Sachmittel, die Sie in Ihre zukünftige Firma einbringen können, z.B. ein Auto, einen PC oder Büromöbel?

Wenn Sie nicht alleine gründen wollen, sollten Sie – soweit möglich – einen oder mehrere Partner mit Eigenkapital suchen. Ein anderer Weg zur Stärkung der Eigenkapitalbasis wäre die Beantragung von ERP-Kapital für Gründung, die ehemalige Eigenkapitalhilfe; die Deutsche Ausgleichsbank bietet zum Beispiel das ERP-Eigenkapitalhilfeprogramm an (siehe den Abschnitt über öffentliche Fördermittel).

Wenn Sie innerhalb der Familie und des Freundeskreises alle finanziellen Möglichkeiten zur Stärkung Ihrer Eigenkapitalbasis ausgeschöpft haben, führt der nächste Weg natürlich zu den Kreditinstituten, mit denen Sie Gespräche über die richtige Finanzierung, die Höhe des Kreditbedarfs und die dafür anfallenden Kosten führen müssen.

## Fremdkapital

Der Bedarf an Fremdkapital ist die Differenz zwischen dem von Ihnen ermittelten Finanzbedarf und dem Ihnen zur Verfügung stehenden Eigenkapital.

Aus den unterschiedlichsten Erfahrungen von Existenzgründern, vor allem von Frauen, die bei Banken oder Sparkassen Geschäftskredite beantragen wollten, ist bekannt, dass es mitunter nicht möglich ist, einen Kredit zu bekommen. Jedes Kreditinstitut gibt nur dann ein Darlehen, wenn es sicher ist, das geliehene Geld auch zurückzubekommen. Viel hängt von Ihrer Person und Ihren Qualifikationen ab, von der Gründungsidee und einem sauber ausgearbeiteten Businessplan sowie vor allem von werthaltigen Sicherheiten. Und das ist das Problem. Investieren Sie Zeit, Know-how und Energie in Ihr Unternehmenskonzept, bereiten Sie sich gut vor, und geben Sie nicht auf, nach Alternativen beim Finanzkonzept zu suchen.

Lange hatten Existenzgründerinnen mit Kreditwünschen bei den Banken angeblich kaum Chancen. Mittlerweile sind viele Frauen sehr gut ausgebildet und zielorientiert, haben gute Ideen mit ausgefeilten Konzepten, kommen evtl. aus einer Managementposition und sind es gewohnt, als zukünftige Kundin kompetent aufzutreten. Viele Bankerinnen und vor allem Banker haben inzwischen gelernt, Frauen als eigenständige Geschäftspartnerinnen zu behandeln, die sehr wohl wissen, was sie tun, mit denen sich guter Umsatz machen lässt und die dazu keinesfalls die Begleitung und Unterschrift eines Ehemannes benötigen. Aus meinen Gesprächen mit Mitarbeitern der IHK München und Oberbayern weiß ich, dass es neben den Sicherheiten entscheidend auf ein wirklich gut durchdachtes Konzept und ein souveränes, kompetentes Auftreten ankommt.

### Der Umgang mit den Banken

Bereiten Sie sich auf das Bankgespräch gründlich vor, es ist wie ein Bewerbungsgespräch oder ein Vortrag, üben Sie vorher, holen Sie sich Feedback von Kolleginnen oder Freunden, denn möglicherweise steht und fällt Ihre Gründung mit der Beschaffung des nötigen Kapitals.

### CHECKLISTE: Bankgespräch

- Bereiten Sie Ihren „Auftritt" bei der Bank gründlich vor, üben Sie zu Hause, wie Sie sich und Ihre Geschäftsidee präsentieren wollen; das ist wie bei jeder anderen Präsentation oder einem Vortrag auch.
- Sammeln Sie Argumente dafür, dass die Bank gerade Ihnen für diese Idee Kredite einräumen soll. Je nach Kredithöhe muss Ihr Berater Ihr Konzept ja innerhalb der Bank auch wieder „verkaufen".
- Wichtig ist ein gut ausgearbeiteter Businessplan, in dem Sie sich selbst genauestens auskennen. Alle Zahlen sollten Sie gründlich überprüft haben, denn Unstimmigkeiten im Zahlenwerk lassen Sie nicht kompetent wirken.
- Gehen Sie auf kritische Punkte oder Schwachstellen in Ihrem Konzept ein und bieten Sie Alternativen an.
- Vereinbaren Sie rechtzeitig einen Termin mit dem für Sie zuständigen Gesprächspartner. Zweigstellenleiter oder Filialdirektorinnen sind ebenso die richtigen Partner für Sie wie die Spezialisten der Sonderkreditbüros bei großen Filialen. Sie wissen über die neuesten Varianten der öffentlichen Fördermittel genauestens Bescheid und kennen die Probleme der Existenzgründer. Bei den meisten Gesprächen sind sowohl ein Spezialist aus der Kreditabteilung, der für die Vergabe des Kredits zuständig ist, als auch ein Fachmann für Ihre Branche zur Beurteilung Ihres Konzepts dabei.
- Auch Sie selbst sollten sich mit den öffentlichen Fördermitteln gut auskennen.

- Achten Sie auf Ihr Äußeres. Es ist inzwischen wirklich kein Geheimnis mehr, welche Bedeutung das richtige „Business-Outfit" für den Erfolg von Verhandlungen hat. Auch wenn Ihnen als kreativer IT-Spezialistin Turnschuhe und Jeans lieber sind als ein eleganter Hosenanzug: Halten Sie sich an die Spielregeln.
- Achten Sie auch auf das Äußere Ihrer Unterlagen. Je nachdem, ob Sie Ihrem Gesprächspartner gegenübersitzen oder evtl. zu mehreren an einem runden Tisch, brauchen Sie die kompletten Unterlagen mindestens zweimal, besser dreimal, damit alle gut hineinsehen können. Fotos, eine kurze Präsentation oder ein Video machen Ihren Vortrag anschaulicher (dazu sollten Sie sich unbedingt vorher nach den technischen Gegebenheiten erkundigen).
- Versetzen Sie sich vor dem Gespräch in die Lage Ihrer Gesprächspartnerinnen und -partner, und überlegen Sie sich, welche Informationen für eine positive Kreditentscheidung oder auch nur die Kontoeröffnung für eine Ltd. noch hilfreich sein könnten.

Sollte es bei der ersten Bank nicht klappen, so geben Sie nicht auf, versuchen Sie es bei einer anderen, denn Sie benötigen auf jeden Fall ein Geschäftskonto. Bereiten Sie sich auf dieses Gespräch aber noch gründlicher vor.

Nutzen Sie nach dem Gespräch über die verschiedenen Finanzierungsalternativen nach Möglichkeit die Chance, sich von der Bank mögliche Unzulänglichkeiten in Ihrem Geschäftsplan aufzeigen zu lassen. Vielleicht sind es ja nur Kleinigkeiten, die Sie beim nächsten Mal beachten könnten, dann ist das nächste Gespräch sicher kein Problem. Sollte Ihr Konzept aber nach Ansicht der Bank gravierende Mängel aufweisen, müssen Sie es unbedingt kritisch überarbeiten.

**TIPPS:**

■ Wenn Sie noch recht unsicher oder nervös sein sollten: Versuchen Sie ein Vorgespräch, in dem Sie die Bereitschaft der Bank oder Sparkasse sondieren – sozusagen als Training –, erst einmal bei einer Bank, die nicht unbedingt Ihre Hausbank werden soll. Einen förmlichen Kreditantrag – der ja abgelehnt werden könnte – sollten Sie aber erst stellen, wenn Sie sich Ihrer Sache sicher sind. Lehnt man nämlich Ihren Antrag ab, kann dies Ihre Bonität bei anderen Kreditinstituten verringern – Informationen über bewilligte, aber auch über abgelehnte Kreditanträge werden in speziellen Datenbanken gespeichert und stehen allen Kreditinstituten zur Verfügung.

■ Achtung: Bitte denken Sie daran, dass Sie durch häufigeres Nachfragen nach Krediten und/oder Geschäftskonten bei unterschiedlichen Banken mit Sicherheit in Ihrem Scoring (ein Punktesystem zur Ermittlung Ihrer Bonität bzw. des Kreditrisikos) nach unten rutschen werden. Das wirkt sich automatisch auf die Zinshöhe aus.

Wenn Sie mit Ihrer bisherigen Bank gut zurechtkommen und auch als Gründerin zu deren Klientel bzw. Geschäftsfeldern passen, gibt es keinen Grund, ein möglicherweise schon lange bestehendes Vertrauensverhältnis zu beenden. Falls Sie jedoch beispielsweise eine Ltd. gründen möchten, dürfte es nicht einfach sein, überhaupt eine Bank zu finden, die Ihnen ein Geschäftskonto auf Guthabenbasis einrichtet.

Es ist absolut üblich und hat nichts mit mangelnder Kompetenz zu tun, wenn Sie zu dem Bankgespräch eine Finanzfachfrau oder einen Bankspezialisten mitnehmen, der die Vor- oder Nachteile bestimmter Kredit- oder Fördermöglichkeiten schneller überblickt als Sie. Wichtig ist nur, dass Sie klarstellen, dass Sie die zukünftige Unternehmerin sind. Wenn Sie bestimmte Feinheiten eines Förderprogramms oder einer Kreditkonstruktion nicht verstehen, sollten Sie sich nicht scheuen, sofort nachzufragen, und sich alles gründlich erklären lassen, denn es ist wichtig, dass Sie alles gut verstehen und die Risiken abschätzen können. Gehen Sie auf alle Einwände des Beraters geduldig ein, lassen Sie sich nicht entmutigen! Falls man Schwachstellen, Lücken oder Unklarheiten in Ihrem Businessplan entdeckt, bitten Sie um einen weiteren Termin und machen Sie Ihre Hausaufgaben.

## Kreditarten

Die Banken bieten unterschiedliche Kreditformen an, sie werden nach Laufzeiten unterschieden sowie nach fester bzw. variabler Inanspruchnahme.

Ein **Kontokorrentkredit** ist eine Überziehungslinie, die Ihnen auf Ihrem laufenden Konto (eben dem Kontokorrentkonto) eingeräumt wird. Bis zu einem vorher vereinbarten Höchstbetrag können Sie Ihr Konto „überziehen". Zinsen zahlen Sie nur für die jeweilige Inanspruchnahme. Dieser Kredit entspricht dem Dispositions- oder Überziehungskredit, wie Sie ihn aus Ihren Angestelltenzeiten kennen.

Als junge Gründerin ohne festen Kundenstamm wird man Ihnen kaum einen Kontokorrentkredit einräumen, wenn Sie keine Sicherheiten bieten können und bei der Bank nicht bekannt sind. Versuchen Sie es zunächst bei Ihrer bisherigen Hausbank, und erklären Sie Ihre (neue) Situation. Da Sie zumindest zu Beginn Ihrer Selbstständigkeit wahrscheinlich keine regelmäßigen Eingänge haben, kann es gut sein, dass man Ihnen die bisherige Kontokorrentlinie kürzt oder ganz streicht.

Ein **Investitionskredit** oder **Anschaffungskredit** hat feste Laufzeiten, er dient der Finanzierung des Anlagevermögens, z. B. Maschinen oder Fahrzeuge. Sie zahlen fest vereinbarte Zinsen für die gesamte Laufzeit, die Tilgung erfolgt halbjährlich, Zinszahlungen erfolgen üblicherweise vierteljährlich.

Auch **Leasing** gehört zu den Kreditarten: Es ist eine Art Miete von Investitionsgütern (z. B. Firmenwagen, Kopiergeräte, Scannerkassen) in Ratenzahlungen; oft können die Gegenstände nach Ablauf der Leasingdauer übernommen werden. Der Vorteil gegenüber dem Kauf liegt in den geringeren monatlichen Ratenzahlungen, Ihre Liquidität wird also weniger belastet; der Nachteil liegt in den oft sehr harten Verträgen und den deutlich höheren Kosten: Sie sind im Schnitt doppelt so hoch wie ein Kredit bei einer Förderbank. Leasing-Experten schätzen die Kosten um 30 Prozent höher als beim klassischen Kauf. (Quelle: *Süddeutsche Zeitung* vom 28.1.2010, S. 22)

Sowohl Leasingraten als auch Kreditzinsen schmälern Ihren Gewinn vor Steuern.

## Öffentliche Fördermittel

Nach Angaben der IHK München gibt es in Deutschland rund 1 000 öffentliche Programme für den Bereich Existenzgründung und Technologieförderung. Sie werden sich fragen: „Wer soll sich da noch auskennen?" Wenn Sie aber genau nachforschen, werden Sie feststellen, dass letztlich nur wenige Fördermaßnahmen für Sie geeignet sind.

Der Bund und die jeweiligen Bundesländer bieten Existenzgründerinnen und -gründern eine Reihe von Finanzierungshilfen: zinsgünstige Darlehen, öffentliche Bürgschaften und teilweise Haftungsfreistellungen. Auch die nicht rückzahlbaren Zuschüsse zur Gründung aus der Arbeitslosigkeit heraus gehören hierher.

Die wichtigsten Förderprogramme für kleinere Existenzgründungen sind:

1. StartGeld (s. Abschnitt „Gründung aus der Arbeitslosigkeit heraus" in diesem Kapitel)
2. Mikro-Darlehen (s. Abschnitt „Gründung aus der Arbeitslosigkeit heraus" in diesem Kapitel) und das
3. ERP-Kapital für Gründung (s. Abschnitt „Gründung aus der Arbeitslosigkeit heraus" in diesem Kapitel)

sowie Programme der einzelnen Bundesländer, manchmal auch Städte.

In Baden-Württemberg beispielsweise gibt es ein Programm zur Existenzgründung aus Hochschulen und Forschungseinrichtungen oder auch über das RKW Baden-Württemberg.

In Bayern gibt es den Startkredit aus dem Darlehenspro-
gramm des bayerischen Mittelstandskreditprogramms
(MKP) mit besonders günstigen Konditionen für Existenzgründer; in Thüringen Sonderprogramme der Thüringer
Aufbaubank (TAB).

Auch Coaching-Programme zur Existenzgründung (s. Abschnitt „Gründung aus der Arbeitslosigkeit heraus") gibt es
in vielen Bundesländern, manche von ihnen sind speziell
auf Frauen abgestellt.

Gründungszuschuss und Einstiegsgeld bei Bezug von Arbeitslosengeld II werden im folgenden Abschnitt „Gründung aus der Arbeitslosigkeit heraus" erläutert.

Voraussetzung für alle Förderprogramme ist die Bonität der
Antragstellerin. Geprüft wird sie nach folgenden Kriterien:
Allgemeine persönliche und wirtschaftliche Verhältnisse,
Umgang mit Verbindlichkeiten, Zahlungsweise, Schul-,
Aus- und Fortbildung sowie beruflicher Werdegang. Die
Motive für die Gründung werden ebenso nachgefragt wie
die sachlichen Voraussetzungen für die Gründung. Dazu
gehören Marktchancen, Standort, bereits vorhandener Kundenstamm und das Gründungskonzept. Auch das Alter spielt
eine Rolle, denn Kredite mit oft langen Laufzeiten sollen ja
noch zu Lebzeiten zurückgezahlt werden. Es gibt hier keine
festgelegte Höchstgrenze, sondern es kommt auf den Einzelfall und das jeweilige Gründungskonzept an.

Für alle öffentlichen Kredite gilt Folgendes:

- Nach dem Hausbankprinzip erfolgt die Abwicklung nur über die Hausbank.
- Die Hausbank übernimmt für Sie die Primärhaftung – und wird entsprechend Sicherheiten verlangen.
- Nach der Vorbeginnsklausel dürfen Sie mit Ihrer Existenz- gründung noch nicht offiziell begonnen haben (also kein Gewerbe angemeldet oder langfristige Verträge abgeschlos- sen haben und auch noch nicht am Markt aufgetreten sein, z.B. mit Visitenkarten oder Anzeigen), wenn Sie öffentli- che Fördermittel in Anspruch nehmen möchten. Sprechen Sie sicherheitshalber mit Ihrer Hausbank, falls Sie z.B. vor Genehmigung einen Mietvertrag abschließen wollen, und lassen Sie das Gespräch in einer Aktennotiz festhalten.
- Grundsätzliches Förderziel ist immer die selbstständige Vollexistenz, d.h., das Unternehmen soll sich nach einer bestimmten Anlaufzeit selbst tragen, die Mitfinanzie- rung durch Nebentätigkeiten ist keine Dauerlösung. Um jedoch den Einstieg in eine nebenberufliche Selbststän- digkeit als Übergang zu ermöglichen, wurden die Pro- dukte StartGeld und Mikro-Darlehen entwickelt, die vor allem den Bedürfnissen von Frauen nach kleineren Kre- diten entgegenkommen.
- Einige Programme fördern nur Investitionen.
- Einige Programme fördern keine Betriebsmittel.
- Übernahme bereits bestehender Unternehmen und tätige Beteiligung (und nicht nur stille Kapitalgeberin) sind ebenfalls Existenzgründungen, die gefördert werden.

Es muss übrigens nicht Ihre erste Existenzgründung sein, damit Sie erfolgreich Fördermittel beantragen können. Wenn Sie also beispielsweise die Branche wechseln oder nach einer längeren Pause mit etwas ganz Neuem wieder anfangen möchten, können Sie durchaus erneut Fördermittel beantragen, vorausgesetzt, Sie haben alte Kredite ordnungsgemäß zurückgeführt (getilgt).

Welche Finanzierung für Sie richtig ist, hängt von sehr vielen Faktoren ab; je nach Branche, Bundesland oder auch Stadt gibt es unterschiedliche Fördermaßnahmen, die auf Ihr Vorhaben zutreffen können.

### Gründung aus der Arbeitslosigkeit heraus

Die Zeiten von Überbrückungsgeld und „Ich-AG" sind vorbei. Falls Sie jetzt aus der Arbeitslosigkeit heraus gründen wollen, erhalten Sie den sog. Gründungszuschuss, der aus zwei Phasen besteht: In der ersten Phase erhalten Sie sechs Monate lang eine Basisförderung in Höhe des bisherigen Anspruchs auf Arbeitslosengeld I plus einer monatlichen Pauschale von 300 Euro zur Deckung der Ausgaben für Ihre Sozialversicherung, unabhängig von der tatsächlichen Höhe. Wenn Sie alle Voraussetzungen erfüllen, haben Sie auf diese Förderung einen Rechtsanspruch. In der zweiten Phase können Sie die Förderung um neun Monate verlängern, allerdings erhalten Sie jetzt nur noch 300 Euro und haben keinen Rechtsanspruch auf diesen Zuschuss, Sie sind auf den guten Willen der Sachbearbeiterin angewiesen.

**TIPP:** Sie erhalten die gesamte Förderung steuerfrei und müssen auch nichts zurückzahlen.

**Voraussetzungen** (Stand: Januar 2012)

Sie können den Gründungszuschuss bekommen,

- wenn Sie noch mindestens 150 Tage Anspruch auf Arbeitslosengeld I haben. Warten Sie nicht bis zum Ende Ihres Anspruchs, sonst bekommen Sie keine Förderung mehr.
- wenn Sie vor der Gründung mindestens 1 Tag arbeitslos waren.
- Die Höhe des Gründungszuschusses hängt von der Höhe Ihres Arbeitslosengeldes und damit von Ihrem vorherigen Gehalt ab.
- Sie müssen innerhalb der letzten zwei Jahre 12 Monate in die Arbeitslosenversicherung einbezahlt haben und innerhalb von drei Jahren 24 Monate. Wenn Sie über 55 Jahre sind, erhöht sich der Anspruch auf bis zu 18 Monate.

Wenn Sie Bezieherin von Leistungen nach Hartz IV sind, gibt es für Sie die Möglichkeit, das sog. Einstiegsgeld zu beantragen, wenn Sie sich selbstständig machen wollen und Ihre Tätigkeit einen hauptberuflichen Charakter haben wird. Die Förderungsdauer beträgt maximal 24 Monate. Ob und in welcher Höhe Sie Einstiegsgeld erhalten, entscheidet Ihre persönliche Ansprechpartnerin bzw. Ihr persönlicher Ansprechpartner. Sie haben darauf jedoch keinen Rechtsanspruch, es ist eine freiwillige Leistung der jeweiligen Arge. Der Grundbetrag des Einstiegsgeldes wird auf der Grundlage Ihrer monatlichen Regelleistung errechnet. (Quelle: Website der Arbeitsagentur)

Weitere Informationen erhalten Sie auf www.akademie.de, www.mediafon.net und www.gruendungszuschuss.de.

Neben dem nicht rückzahlbaren Gründungszuschuss bzw. Einstiegsgeld gibt es für diejenigen, die mit ihrer Existenzgründung einen Weg raus aus der Arbeitslosigkeit suchen, eine Reihe von Fördermitteln auf Darlehensbasis:

**Mikro-Darlehen:** Für Existenzgründungen aus der Arbeitslosigkeit heraus oder im Nebenerwerb wird oft nur ein geringes Kapital benötigt. Der große Vorteil des Mikro-Darlehens, das für gewerbliche und freiberufliche Haupt- und Nebenerwerbs-Gründungen entwickelt wurde: Es können Aufwendungen bis zu 20.000 Euro finanziert werden, in der Variante „Mikro 10" sogar Beträge unter 10.000 Euro (Mindestbetrag 5.000 Euro). Es können nicht nur Investitionen, sondern auch Betriebsmittel zu 100 Prozent finanziert werden. Da die Haftungsfreistellung für die Hausbank 80 Prozent beträgt, ist der Zugang zu diesem Darlehen deutlich einfacher. Besonderheit: Die tilgungsfreie Anlaufzeit beträgt sechs Monate, die Laufzeit bis zu fünf Jahre. Das Darlehen steht nur bereits bestehenden Unternehmen zur Verfügung, die maximal zehn Beschäftigte haben und nicht länger als drei Jahre am Markt sind. Das Darlehen kann nur einmal beantragt werden, auch wenn der Höchstbetrag nicht ausgeschöpft wurde. Die Zinsen sind etwas höher, da die Hausbank auch mitverdienen will. Eine Kombination mit anderen Programmen ist nicht möglich.

**StartGeld:** Voraussetzung für das Startgeld ist, dass Sie weniger als 3 Jahre am Markt tätig sind und Ihr Finanzierungsbedarf für Investitionen und Betriebsmittel 100.000 Euro nicht übersteigt. Es können nicht nur Investitionen, sondern auch Betriebsmittel zu 100 Prozent finanziert werden. Die Haftungsfreistellung für die Hausbank beträgt 80 Prozent; das erleichtert Ihnen den Zugang zu einem Darlehen. Besonderheit: Die tilgungsfreie Anlaufzeit beträgt bis zu zwei Jahre, die Laufzeit bis zu zehn Jahren, eine vorzeitige Tilgung ist jederzeit kostenfrei möglich, ebenso ein zweiter Antrag, wenn die 100.000 Euro noch nicht ausgeschöpft sind. Hilfreich ist auch, dass ein Nebenerwerb gefördert wird, wenn er mittelfristig zum Haupterwerb wird.

**Das ERP-Kapital für Gründung** (Nachrangkapital für Gründer und junge Unternehmer) ist ein spezielles Produkt für Existenzgründungen im gewerblichen und freiberuflichen Bereich, um die Eigenkapitalbasis zu stärken. Die Vorteile sind: Sie müssen keine Sicherheiten stellen. Es genügt Ihre persönliche Haftung (ggf. Mithaftung des Ehepartners). Sollte ein Haftungsfall eintreten, so treten die Ansprüche der KfW Mittelstandsbank hinter die Forderungen der anderen Gläubiger zurück. Im Unterschied zu anderen Kreditarten steht Ihnen das Geld sieben Jahre voll zur Verfügung, erst im achten Jahr beginnen Sie mit der Tilgung, die

Laufzeit des Kredits beträgt 15 Jahre. Der Zinssatz liegt unter dem marktüblichen Satz und wird aus dem ERP-Sondervermögen subventioniert. Höchstbetrag 500.000 Euro. Anträge können über Ihre Bank bei der KfW gestellt werden.

**Coaching:** Für Existenzgründerinnen gibt es verschiedene Möglichkeiten, sich ein Coaching zumindest teilweise bezuschussen zu lassen. Die Industrie- und Handelskammern bieten jeweils unterschiedliche Programme an. Allen gemeinsam ist, dass sie von kompetenten Fachleuten gut und zu günstigen Preisen, teils auch kostenlos, unterstützt werden. Das Coaching gibt es nicht nur für Gründerinnen, sondern auch für die sog. Jungunternehmerin, die in der oft nicht einfachen Anlaufphase steckt. Je nach Programm wird ein Coaching bis zu drei oder fünf Jahre nach der Gründung gefördert. Die Industrie- und Handelskammern bieten zusammen mit der KfW für Existenzgründer/-innen und junge Unternehmen ein sog. KfW-Gründercoaching an. Dieses Gründercoaching gibt es in allen Bundesländern außer Baden-Württemberg, Bayern, Nordrhein-Westfalen und Rheinland-Pfalz. Ein spezielles Angebot für die Freien Berufe in Bayern finden Sie beim Institut für Freie Berufe in Nürnberg. Das Coaching wird hier mit max. 50 Prozent bezogen auf den Tagessatz von 800 Euro bezuschusst und ist auf drei Jahre begrenzt. Weitere Informationen unter www.ifb-gruendung.de. Für Bremen, Hessen und Sachsen gibt es kostenfreie Beratungs- und Betreuungsleistungen über das jeweilige RKW, das Rationalisierungs- und Inno-

vationszentrum der Deutschen Wirtschaft e.V. Diese „Organisation ist in der Beratung, Forschung und Verbreitung
von Lösungsansätzen zu Modernisierung und Zukunfts-
fragen kleiner und mittlerer Unternehmen tätig". (Quelle:
www.rkw.de)

# Frauen-Netzwerke

„Netzwerken" oder auch „Networking" ist etwas, das Frauen eigentlich schon immer – auch bevor man es so nannte – betrieben haben: sich in Frauenorganisationen bzw. Interessenverbänden zusammenzuschließen, um Gesprächspartnerinnen und Verbündete zu finden. Der Deutsche Frauenrat (www.frauenrat.de) beispielsweise versteht sich als Dachverband für Frauen-Netzwerke aller Art, er hat seine Wurzeln in dem 1894 gegründeten „Bund Deutscher Frauenverbände" (BDF).

Weiterhin relativ neu ist professionelles „Netzwerken" mit dem erklärten Ziel, beruflichen oder geschäftlichen Nutzen daraus zu ziehen. Männer haben es immer schon verstanden, Kontakte zu pflegen und z.B. alte Verbindungen aus der Schul- oder Studentenzeit wieder aufleben zu lassen, wenn es sich für das eigene Fortkommen als günstig erwiesen hat.

Der Bedarf an „eigenen", frauenspezifischen Netzwerken ist groß, es besteht derzeit ein regelrechter Netzwerk-Boom. Frauen wollen ein Unternehmen gründen und suchen eine Partnerin oder eine Beraterin, wollen im Job vorankommen und suchen eine Mentorin, bauen Websites und wollen sich über die neuesten Techniken möglichst auch über das Internet austauschen; sie wollen beruflichen Erfolg, haben Spaß an der Karriere, am Geldverdienen, an interessanten Verbindungen. Dazu gehören eben berufliche Kontakte zu einflussreichen, für sie nützlichen Menschen. Ohne Verbündete kommt man nur schlecht von der Stelle. Ein Ziel fast aller Frauen-Netzwerke ist es, die berufliche Diskriminierung der Frauen auf lange Sicht zu beenden.

## Mit Netzwerken Kontakte knüpfen

Eine gelungene Existenzgründung ohne stabile Kontakte und hilfreiche Netzwerke ist heute fast nicht mehr möglich, die Anforderungen sind zu vielfältig und zu hoch. Die Zeiten der Einzelkämpferin sind vorbei: Statt unnötig Energie zu vergeuden mit Kämpfen, die doch nicht zu gewinnen sind, sollte man besser Beziehungen fördern, pflegen und nutzen. Beginnen Sie also rechtzeitig vor der Gründung damit, das oder die für Sie passenden Netzwerke zu finden. Sie können sehr stark von einem Netzwerk profitieren, auf Dauer wird es aber nur funktionieren, wenn Sie selbst auch entsprechend etwas darin investieren, seien es Ideen, Kontakte, praktische Tipps oder was immer die anderen interessiert. Die Basis guten „Netzwerkens" ist das viel zitierte „first give then take", also „Geben und Nehmen". Sich in Netzwerken zu engagieren bedeutet, nicht nur Unterstützung zu suchen, sondern auch, selbst Hilfe anzubieten. In vielen Frauen-Netzwerken gibt es sog. Mentorinnenprogramme, hier kümmern sich erfahrene Frauen um jüngere Kolleginnen und unterstützen sie bei ihrer Existenzgründung oder beim Aufstieg in der Firma.

Die Frauen in den „neuen", aber auch den alten Netzwerken sorgen für den nötigen Informationsfluss, geben ihr Know-how an Berufsein- und umsteigerinnen weiter und engagieren sich für gemeinsame Konzepte in der Frauenpolitik. Für diese Ziele müssen alle an einem Strang ziehen. Auch wenn es noch ein weiter Weg ist, bis Frauen in Führungspositionen so selbstverständlich sind, dass es darüber nicht mehr zu reden oder zu schreiben lohnt; auch wenn es bei den Gehältern immer noch eklatante Unterschiede gibt, wir dürfen die Geduld nicht verlieren. Nur mit kleinen Schritten, zäh und unbeirrt, können wir dieses Ziel erreichen.

## Wettkampf muss nicht negativ sein

Frauen müssen immer noch lernen, Konkurrenz und Wettkampf – mit Männern und unter Frauen – nicht unbedingt als „unweiblich" anzusehen, sondern als spannend und produktiv. Wettkampf soll Spaß machen. Schauen Sie sich doch Jungen an, wenn sie miteinander Fußball spielen: Jede Mannschaft kämpft verbissen gegen die andere um den Sieg. Nach dem Spiel ist alles vergessen und die Rivalen von eben sind wieder die besten Freunde. Sie lernen von klein auf, dass Wettkampf Spaß macht und dass ein hartes Match, bei dem sich die Gegner nicht schonen, der Freundschaft nichts anhaben kann. Bei Mädchen läuft das ja oft (noch) ganz anders: Das harte Match ist nach dem Abpfiff eben nicht immer schon zu Ende, Sieg oder Niederlage werden auf die persönliche Beziehung übertragen, die dann darunter leidet, und das Ergebnis der sportlichen Auseinandersetzung wird oft mit persönlichen Eigenschaften verwechselt.

Wettkampforientiertes Konkurrenzdenken ist etwas ganz anderes als persönliche Rivalitätsgefühle. Frauen werden es noch besser lernen, sich zu ihrem eigenen Nutzen zu organisieren, Kontakte zu knüpfen und diese auch zu pflegen und Dinge, die nicht so glatt laufen, abzuschütteln und sich neuen Projekten zuzuwenden. Einen Kunden zu verlieren, einen Auftrag doch nicht zu bekommen, das ist sicherlich bitter. Aber Sie dürfen diesen Misserfolg auf keinen Fall persönlich nehmen, ihn nicht auf sich beziehen, sondern Sie müssen das nächste Angebot noch besser vorbereiten, die Sache auch als sportliche Herausforderung sehen, dann klappt es bestimmt – wenn auch vielleicht erst beim übernächsten Mal.

Als eine typische Schwäche der Frauen gilt „die Angst, Fehler zu machen". Keine Fehler machen Sie aber nur dann, wenn Sie gar nichts anpacken. Lernen Sie aus Fehlern und denken Sie daran: Jede(r) zahlt Lehrgeld. Beobachten Sie die Männer und das Selbstbewusstsein, das sie zumindest zeigen. Da ist kaum einer dabei, der sich wegen eines geplatzten Auftrags Sorgen um seine persönlichen Fähigkeiten macht oder gar an sich oder seiner Kompetenz zweifelt. Oft ist es tatsächlich noch so: Ein Mann meint eher, der potenzielle Kunde habe eine Fehlentscheidung getroffen, wenn er das Seminar nicht bucht; eine Frau glaubt eher, sie habe sich nicht richtig präsentiert, den Nutzen des Seminars nicht richtig klargemacht.

**TIPP:** Beziehen Sie berufliche Misserfolge nicht auf sich persönlich, sie sind nur ein berufliches Problem.

## Arbeiten Sie aktiv mit

Bei den „beruflichen Netzwerken" treffen sich die Frauen regelmäßig zu Veranstaltungen, Vorträgen, Workshops und Referaten. Ziel ist stets der Kontakt und Austausch mit anderen berufstätigen Frauen und die gegenseitige berufliche Unterstützung. Dabei kann es um die Vermittlung interessanter Kunden gehen, um das Angebot, gemeinsam ein Projekt durchzuziehen, sich den Messestand zu teilen oder um die Hilfe bei der Suche nach geeigneten Mitarbeiterinnen und Mitarbeitern.

Bei allen Netzwerken kommt es auf das starke Engagement der einzelnen Frau an. Jedes Team ist nur dann gut und erfolgreich, wenn auch seine Mitglieder aktiv mitarbeiten, Ideen, Kontakte, Know-how einbringen und Aufgaben übernehmen. Ein Gutschein für den Platz auf einem Chefinnensessel ist im Mitgliedsbeitrag jedoch nicht inbegriffen: Sie können nicht lediglich einige Male zu den Treffen gehen, ein paar gute Kontakte mitnehmen und dann einfach wegbleiben. Wie in jedem anderen Club lebt auch ein Frauen-Netzwerk von den Aktivitäten seiner Mitglieder. Jedes Netzwerk kann nur so gut sein wie die Frauen, die sich darin engagieren.

## Verschiedene Netzwerke

Im Folgenden stelle ich Ihnen, ohne Anspruch auf Vollständigkeit, einige Netzwerke kurz vor: neuere und schon länger bestehende, reale und virtuelle, kommerzielle und solche auf Vereinsbasis. Allen gemeinsam ist, dass sie auch eine Anlaufstelle für Existenzgründerinnen sind. Es ist nicht einfach, aus der Fülle der regionalen und überregionalen Netzwerke das richtige für Sie herauszufinden. Hilfreich sind die Informationen im Anhang (s. Abschnitt „Netzwerke und Communities") sowie die leider nur bis 2005 aktualisierte CD-ROM von „die media", in der über 4900 Einträge aus Beruf, Bildung, Wirtschaft, Politik, Hochschule, Kultur und Frauenbewegung aufgelistet sind (www.diemedia.de).

## Reelle Netzwerke

Unter reellen Netzwerken, im Gegensatz zu virtuellen, versteht man „klassische" Verbände und Vereinigungen und Clubs, die überwiegend „Vor-Ort-Veranstaltungen" anbieten. Das Internet dient dabei mehr der Information als der Kommunikation an sich; z. B. werden die Termine auf der jeweiligen Website veröffentlicht. Der Schwerpunkt liegt im persönlichen Austausch, im direkten Gespräch der Frauen miteinander.

### B.F.B.M. Bundesverband der Frau im freien Beruf und Management e.V.

Der B.F.B.M. ist ein gemeinnütziges bundesweites Netzwerk von zurzeit 450 Frauen unterschiedlicher Nationalität aus verschiedenen Branchen und Berufen, die selbstständig oder in Führungspositionen tätig sind. Engagierte Frauen haben sich 1992 zusammengeschlossen, um ein bundesweites

Netzwerk aufzubauen, durch das weibliche Führungskräfte und selbstständige Frauen in Wirtschaft, Gesellschaft und Politik umfassende Förderung erfahren. Immer noch müssen Frauen, die es in der Wirtschaft bis nach oben schaffen wollen, gegen zahlreiche Schwierigkeiten und Vorurteile ankämpfen. Ziele sind der Aufbau von berufsfördernden Kontakten und Empfehlungen, der Austausch von Informationen und Erfahrungen sowie die Förderung der beruflichen und gesellschaftlichen Gleichberechtigung und Akzeptanz von Frauen. Gleichberechtigung im Arbeitsleben – gleiche Gehälter, gleiche Aufstiegschancen und eine Verringerung der hohen Frauen-Arbeitslosenquote – haben sich die engagierten Frauen auf die Fahne geschrieben (www.bfbm.de).

**BPW Business and Professional Women**
BPW International wurde 1930 in Genf gegründet und ist in über 100 Ländern aktiv vertreten. Die Gründungsidee entstand bereits 1919 in Kentucky/USA. BPW gehört zu den größten Berufsnetzwerken für Frauen und zu den einflussreichsten überparteilichen und überkonfessionellen Frauen-Netzwerken der Welt.
BPW bietet Information, Erfahrungsaustausch und Mentoring. Als NGO (Non-governmental organization, Nichtregierungsorganisation) hat der Verband den UN-Beraterstatus Kategorie 1 und engagiert sich für humanitäre Zwecke weltweit. BPW richtet sich an berufstätige Frauen aus den unterschiedlichsten Fachrichtungen, die beruflich weiterkommen, Verantwortung übernehmen und sich engagie-

ren wollen. Ziele sind neben der Vernetzung berufstätiger Frauen unter anderem die Durchsetzung von Fraueninteressen in Öffentlichkeit und Politik, Mitwirkung bei politischen Entscheidungen, Lobbyarbeit und Eingabe von Resolutionen in nationalen und internationalen Gremien. Es finden monatliche Veranstaltungen mit Vorträgen, Messen, wie z. B. die „Erfolg" in München, sowie Symposien und internationale Kongresse statt. Seit 2009 findet deutschlandweit der „Equal Pay Day" statt, ein Aktionsbündnis, um sich gemeinsam für den Abbau von Lohnunterschieden zwischen Männern und Frauen einzusetzen. In Deutschland gibt es derzeit über 40 Clubs (www.bpw-germany.de).

## Das Expertinnen-Beratungsnetz

Das Expertinnen-Beratungsnetz/Mentoring ist eine Arbeitsstelle der Universität Hamburg. Weitere Expertinnen-Beratungsnetze in Köln, Berlin, Dresden, München und Bremen sind nach dem Hamburger Vorbild entstanden. Sie stehen miteinander in Kontakt und kooperieren bei der Vermittlung von Rat suchenden Frauen an Expertinnen (www.expertinnenberatungsnetz.de).

## WOMAN's Business Club

Das Münchner Netzwerk WOMAN's Business Club wurde 1996 gegründet und versteht sich als ein kommerzielles Netzwerk (mit Jahresbeitrag und relativ hoher Aufnahmegebühr) für Unternehmerinnen, Managerinnen und Frauen in Führungspositionen. Hier treffen sich Chefin und Angestellte, Freiberuflerin und Jungunternehmerin (ab etwa zwei Jahre Selbstständigkeit) zum Erfahrungsaustausch. Alle zwei Monate finden Veranstaltungen statt, man erfährt, „was läuft", oder kommt, um Kontakte zu knüpfen, miteinander Geschäfte zu machen und voneinander zu lernen. Ganz bewusst ist der Business Club berufs- und branchenübergreifend organisiert, er versteht sich als „Wohlfühlclub mit Qualität und Atmosphäre" (www.womans.de).

### Virtuelle Netzwerke und Portale

Die Kommunikation in den virtuellen Netzwerken geschieht hauptsächlich über das Internet. Hier hat sich in den letzten Jahren einiges getan. Zu den fast schon klassischen „Webgrrls" sind zahlreiche neue dazugekommen. Fast alle haben eine webbasierte Plattform mit aktuellen Informationen, Foren zu den unterschiedlichsten Themen wie Karriere, Marketing und Akquise und bieten Newsletter an. In Foren und auch Mailinglisten werden Fragen zu beruflichen Themen wie etwa Honorare oder Urheberrecht gestellt, aber auch das Thema Self-PR oder Kosten für eine Visitenkarte können „besprochen" werden. Da virtuelle Kommunikation auch ihre Grenzen hat, bieten die meisten internetbasierten Netzwerke monatliche Veranstaltungen an, auf denen sich die Frauen persönlich kennen lernen können. Aus eigener Erfahrung mit einer Hamburger Geschäftspartnerin weiß ich, wie hilfreich es ist, wenn Sie Ihr virtuelles Gegenüber nicht nur aus Mails und vom Telefon her kennen. Wenn Sie Ihre

Postings und E-Mails mit sog. Emoticons (☺ oder auch ☹) schmücken, um damit Stimmungen auszudrücken: Ein Telefonat – mit skype (www.skype.com) auch ins Ausland kostenfrei – oder ein persönliches Gespräch bringt gerade bei schwierigeren Problemen schneller eine Lösung.

**Frauen machen Karriere – ein Portal des Bundesministeriums für Familie, Senioren, Frauen und Jugend (BMFSFJ)**

Dieses Portal bietet allen Frauen – gleich ob Gründerin, Mutter, Wiedereinsteigerin oder Chefin – Informationen zu Beruf und Karriere, sei es angestellt oder selbstständig. Es informiert über die Vereinbarkeit von Familie und Beruf, über Rechtsfragen und über berufliche Netzwerke. In einer Mentoring-Börse finden Mentorinnen und Mentees aus den jeweiligen Regionen zueinander. Das Internetportal dient auch dem Erfahrungsaustausch zwischen berufstätigen Frauen in unterschiedlichen Positionen (www.frauenmachenkarriere.de).

**„Gründen im Team" (GiT)**

Für alle, die nicht allein gründen wollen und Interesse am Austausch mit anderen Unternehmer/innen haben, die bereits in Ihrer Situation waren oder ähnliche Ziele haben wie Sie, gibt es „Gründen im Team" (GiT). In der GiT Gründer-Community treffen Sie in virtuellen Räumen auf andere Gründer/innen und erfolgreiche Unternehmer/innen, die Ihnen im Rahmen eines virtuellen Erfahrungsaustausches viele Tipps oder auch konkrete Hilfestellung geben können. Das GiT-Team, das die Gründer-Community betreut, besteht aus kompetenten Berater/innen und Coaches mit langjähriger Erfahrung in der Beratung von Gründer/innen und Jungunternehmer/innen. Die Teilnahme an der Gründer-Community ist unverbindlich, kostenlos und jederzeit widerrufbar, es gibt einen monatlichen Newsletter mit aktuellen Terminen, Informationen und Erfahrungsberichten anderer Gründer/innen und Unternehmer/innen (Quelle: www.gruendenimteam.de bzw. www.g-i-t.de).

### Successity – Community for better work & life

Successity ist eine 2005 gegründete Plattform für Frauen und Männer, auf der sowohl berufliche als auch private Themen „besprochen" werden. Ziele sind, ähnlich wie bei anderen Netzwerken auch: 1. Informieren (z. B. über berufliche Themen), 2. Motivieren sowie 3. Unterstützen und Vernetzen. Es gibt moderierte Fachforen und man kann unter fachlicher Anleitung an virtuellen Erfolgsteams teilnehmen. Es gibt ein „Successity-Beratungscenter" sowie die „Virtuelle Praxis" für Auskünfte und Entscheidungshilfen in medizinischen Sachfragen. Die Angebote sind teilweise kostenpflichtig (www.successity.de).

### Texttreff

Texttreff ist ein im März 2001 gegründetes Netzwerk für Frauen aus den Bereichen Text, Sprache und Kommunikation. Angesprochen werden Texterinnen, Journalistinnen, Lektorinnen, Übersetzerinnen und Autorinnen. Rund 500 Frauen kommunizieren bundes- und europaweit über fünf themenspezifische Mailinglisten. Regionalgruppen gibt es in München, Hamburg, Frankfurt, Köln, Berlin, im Münsterland und mittlerweile auch in Österreich. Unternehmen können Aufträge lancieren und in der Datenbank Fachfrauen für eine geeignete Kooperation suchen. Die Mitgliedschaft ist kostenlos (www.texttreff.de).

### [Vorsicht]Starke Worte – Starke Texter für kreative Textprojekte

Das im September 2001 gegründete Portal „[Vorsicht]Starke Worte" bietet seinen rund 1300 Mitgliedern Informationen, weiterführende Links und Artikel rund um die Themen (Werbe-)Text, Recherche, Marketing, PR, Weiterbildung für Texter sowie Selbstständigkeit. Potenzielle Auftraggeber können passende Texterinnen durch spezielle Suchfunktionen, Profile, Arbeitsproben und zahlreiche Autorenbeiträge im „Marktplatz" finden (www.vorsicht-starke-worte.de).

### Webgrrls

Die Webgrrls sind das virtuelle Netzwerk für weibliche Fach- und Führungskräfte, die mit oder für neue Medien arbeiten. Sie nutzen die beruflichen Chancen des Internets für sich – ob als Programmiererin oder Webdesignerin, Marketingspezialistin oder Trainerin, IT-Spezialistin oder Texterin. Über das Netzwerk werden Geschäftsbeziehungen geknüpft, Jobs, Praktika und Aufträge vermittelt. Der ständige Austausch von Fachkenntnissen führt dazu, dass Frauen in ihrer beruflichen Position gestärkt werden.

Qualifikation, ein starkes Beziehungsgeflecht und aktives Networking bauen die Präsenz von Frauen in den neuen Medien weiter aus. Genutzt werden dazu vor allem mehrere Mailinglisten zu Themen wie Business, Publishing, Technik und Job-Börse. Monatliche Regionaltreffen in vielen größeren Städten mit Vorträgen und Workshops ergänzen virtuelles Netzwerken durch persönliche Kontakte.

Im Oktober 1997 mit einer kleinen Gruppe von visionären und engagierten Frauen gestartet, hat das Netzwerk inzwischen rund 950 Mitglieder. Seit Anfang 2002 ist webgrrls.de ein virtueller Verein mit einem Jahresbeitrag von 60 Euro. Mitglied werden kann jede Frau, die sich mit den Zielen identifiziert, eine Mitgliedschaft in einem Netzwerk als gleichberechtigtes Geben und Nehmen versteht und im Bereich der neuen Medien beruflich tätig ist.

Die Webgrrls bieten ihren Mitgliedsfrauen mehrere Mailinglisten, in denen Know-how, Tipps und Tricks ausgetauscht, Jobs und Praktika gesucht oder angeboten werden und Kooperationspartnerinnen zusammenfinden. Ferner gibt es den Marktplatz der Website, in dem mehr als 600 Mitgliedsfrauen mit ihren Kompetenzen vertreten sind, sowie für Mitglieder und Interessentinnen reale Treffen in zehn Regionalgruppen bundesweit mit Vorträgen, Workshops und aktivem „Networking". Ziel ist es auch hier, in entspannter Atmosphäre geschäftliche Kontakte zu knüpfen oder zu vertiefen (www.webgrrls.de).

**XING (früher openBC) Das Business-Netzwerk**

XING ist eine Networking-Plattform für Kontaktmanagement im Internet, die von über acht Millionen Geschäftsleuten und Berufstätigen genutzt wird. Unternehmer, Entscheider, leitende Angestellte, Freiberufler und Führungskräfte suchen bzw. finden hier neue Geschäftskontakte oder Kooperationspartner, können neue Absatzmärkte erschließen und bestehende Geschäftsbeziehungen pflegen. Networking- und Kommunikations-Technologien werden von den Mitgliedern weltweit in derzeit 16 Sprachen genutzt. XING bietet kostenfreie und kostenpflichtige Leistungen und Services. Die Plattform unterliegt den international strengen Datenschutzbestimmungen der Europäischen Kommission. Für Frauen gibt es den „Women Entrepreneur Club", aber auch der BPW und der BPW Club München haben dort jeweils einen Online-Ableger. Hier tauschen sich Unternehmerinnen und Existenzgründerinnen aus, finden Rat und Hilfe bei Businessthemen und bringen ihr eigenes Fachwissen ein. Regionale Treffen vertiefen die virtuell geknüpften Kontakte. Übrigens ist XING eine sehr geniale Existenzgründungsidee gewesen: Die 2003 gegründete Plattform hat den beiden Betreibern sehr viel Geld eingebracht (www.xing.com).

### Gründen Sie Ihr eigenes Netzwerk

Sie können natürlich auch Ihr eigenes Netzwerk gründen: Es ist durchaus sinnvoll, einen Arbeitskreis oder eine Gruppe zu organisieren und sich intensiv mit dem Thema Selbstständigkeit und den sich daraus ergebenden Folgen zu beschäftigen, wenn Sie eine eigene berufliche Existenz gründen wollen. Das kann von Familien- und Zukunftsplanung über allgemeine Informationsbeschaffung bis hin zum gegenseitigen Coaching gehen. Sie können sich bei den regelmäßigen Treffen ermutigen und unterstützen; ganz nebenbei verhelfen Ihnen diese Treffen zu strukturiertem Arbeiten und guter Selbstorganisation, denn Sie müssen ja Ihre vereinbarten „Meilensteine" bearbeitet haben und die Ergebnisse der Gruppe präsentieren.

**CHECKLISTE: Ein Netzwerk gründen**

- Wer übernimmt die Organisation, kümmert sich um Räume, Termine, pflegt die Website usw.?
- Wie oft wollen Sie sich treffen? (Öfter als einmal pro Monat halten erfahrungsgemäß viele Frauen nicht durch.)
- Auch die Frage nach Tag und Uhrzeit ist nicht banal und muss vorher gut geklärt werden. Ein fester Tag hat ebenso seine Vorteile wie ein rollierendes System, wo man beim ersten Treffen einen Montag vereinbart, beim zweiten einen Dienstag usw. Am besten verabredet man sich immer zur gleichen Uhrzeit.

- Wo wollen Sie sich treffen? (In der Privatwohnung ist es zu Beginn, wenn Sie noch wenige sind, sehr gemütlich, es macht aber der Gastgeberin Arbeit, und nicht alle schätzen fremde Leute in den eigenen vier Wänden; andere Räume geben Ihren Treffen einen offizielleren „Touch", es können aber Kosten für Getränke und evtl. Raummiete dazukommen.)
- Wie werden Raumkosten und Kosten für Porto, Telefon usw. aufgeteilt?
- Wie gehen Sie mit passiven Teilnehmerinnen um? (Wichtig ist, dass auch nicht anwesende Teilnehmerinnen z.B. mit der Raummiete belastet werden).

Damit Ihr Netzwerk erfolgreich wird, sollten vorher einige Punkte geklärt werden:

Klären Sie für sich selbst rechtzeitig, wer mitmacht, was Sie von den Personen erwarten können und ob auch Sie von Ihrem Projekt wirklich profitieren können. Damit ist nicht „Nehmen statt Geben" gemeint, Sie sollten nur darauf achten, dass ein gleichmäßiger Austausch möglich ist. Erfolgreiches Netzwerken setzt nämlich voraus, dass Sie und die anderen Netzwerkpartnerinnen Spezialistinnen und Fachfrauen in einem bestimmten Bereich sind, sodass alle etwas voneinander haben und die Balance zwischen Geben und Nehmen für alle stimmt.

## So „netzwerken" auch Sie mit Erfolg

Aus vielen Gesprächen und Interviews mit Frauen, die sich in Netzwerken engagieren, möchte ich Folgendes festhalten, damit Sie von Ihrem Netzwerk profitieren – egal, ob Sie einem bereits bestehenden Netz beigetreten sind oder ob Sie selbst eines gegründet haben:

**CHECKLISTE: Erfolgreich netzwerken**

- Engagieren Sie sich!
- Seien Sie aktiv, bieten Sie selbst etwas zum Nutzen anderer an (Vortrag, Leitung einer Projektgruppe, Informationen ...).
- Wer nur nimmt und nicht zurückgibt, ist bald kein Teil des Netzes mehr.
- Trauen Sie sich, auch für Sie neue Aufgaben (mit) zu übernehmen, Sie werden davon profitieren.
- Planen Sie Netzwerk-Termine rechtzeitig ein, es sind Geschäftstermine, die Sie in Ihrem eigenen Interesse auch einhalten sollten.
- Planen Sie genug Zeit ein. Wie bei allen anderen (Ehren-)Ämtern auch kostet Engagement Zeit.

Fast alle Netzwerke bieten „Schnupperabende" an, an denen Sie (nicht immer kostenlos) teilnehmen können. Wichtig ist, dass Sie das für Sie geeignete Netzwerk herausfinden und sich dann auch engagieren. Wenn Sie mal hier und dann mal wieder da vorbeischauen, entsteht kein dicht geknüpftes Netz, da Sie vermutlich nie auf dieselben Personen treffen werden, ebenso lernt man auch Sie nicht kennen. Und beherzigen Sie das Motto, auf dem alle Netzwerke aufbauen: „Zuerst geben und dann nehmen." Haben Sie eine interessante Frau kennen gelernt, sollten Sie mit ihr Visitenkarten austauschen.

Ich notiere mir immer auf der Rückseite der Visitenkarte, bei welcher Gelegenheit und an welchem Tag ich diese Frau getroffen habe. Das macht einen evtl. späteren Akquise-Anruf einfacher.

# Vor der Gründung: Die Wahl der passenden Rechtsform

Die Wahl der Rechtsform, unter der Sie künftig im Geschäftsleben auftreten, ist mehr als nur eine Formsache. Es ist eine wichtige unternehmerische Entscheidung, die sich langfristig auf die steuerliche Behandlung Ihres Unternehmens und auch auf Ihre Gestaltungsmöglichkeiten auswirkt, sie hat auch wirtschaftliche und rechtliche Folgen.

Es gibt nicht die einzig richtige, optimale Rechtsform. Es kann durchaus sein, dass Sie die Rechtsform während Ihres Geschäftslebens ändern, denn im Laufe der Zeit ändern sich die wirtschaftlichen und oft auch die steuerlichen Voraussetzungen. Lassen Sie sich auf alle Fälle gründlich von Ihrer Rechtsanwältin und/oder vom Steuerberater beraten.

Die Rechtsform soll Ihnen selbst, Ihren evtl. Mitgründern, Kunden und Auftraggeberinnen Klarheit über Ihren Status (z. B. Personen- oder Kapitalgesellschaft), Haftung, Rechte und Pflichten usw. verschaffen und zukünftige Streitigkeiten möglichst von vornherein ausschließen.

**TIPP:** Informieren Sie sich rechtzeitig vor einer Gründung über eventuelle Steuer- und Gesetzesänderungen!

Für eine Existenzgründerin kann es durchaus sinnvoll sein, erst einmal ein Einzelunternehmen zu gründen, wenn kein allzu großes Haftungsrisiko besteht. Eine weitere

Möglichkeit ist die Rechtsform der im November 2008 in Kraft getretenen Unternehmergesellschaft (UG; haftungsbeschränkt) auch Mini-GmbH genannt (s. Abschnitt „Die Unternehmergesellschaft (UG) (haftungsbeschränkt) oder Mini-GmbH"), hier ist ein späterer Wechsel in eine Gesellschaft mit beschränkter Haftung (GmbH) sowieso vorgesehen. Auch die Gründung einer Partnerschaftsgesellschaft (PartG) kann dann geschäftspolitisch und steuerlich sinnvoll sein, wenn Ihr Unternehmen beispielsweise aus mehreren freiberuflich Tätigen besteht. Hierzu müssen Sie aber unbedingt die Hilfe einer Steuerberaterin oder eines Steuerberaters in Anspruch nehmen.

Das zukünftige Image Ihres Unternehmens spielt genauso eine Rolle wie Ihre Einschätzung der geschäftlichen Risiken bzw. Ihr Sicherheitsbedürfnis. Auch ob Sie allein oder in einer Partnerschaft entscheiden wollen, Ihre finanziellen Verhältnisse sowie Ihre kaufmännischen Kenntnisse beeinflussen Ihre Wahl.

Das „Forum Deutsches Recht" (www.recht.de) oder „Startup in Bayern" (www.startup-in-bayern.de) sind nur zwei von vielen Informationsquellen, auch die örtlichen Industrie- und Handelskammern bieten auf ihren Gründerseiten gute Informationen an.

Die folgenden Checklisten können Ihnen helfen, die richtige Rechtsform für Ihre Gründung zu finden. Zunächst müssen Sie entscheiden, ob Sie allein oder doch lieber mit einer Partnerin oder einem Partner ein Unternehmen aufbauen wollen.

Mit Partnerinnen oder Partnern zu gründen kann zu Abstimmungsproblemen und im Ernstfall zu massiven Streitigkeiten führen. Ob eine Partnerschaft gut läuft, hängt wie auch bei anderen Formen des gemeinsamen Arbeitens ganz von der gelungenen Verständigung der Partner ab – und natürlich von den Aufträgen. Prüfen Sie gründlich, wie Sie gründen wollen; die besten Verträge helfen nichts, wenn es kriselt, und Ihre Kundinnen und Kunden erwarten den gewohnten Service, gleich, wie es firmenintern aussieht.

**CHECKLISTE:**

**Allein oder mit Partnerin oder Partner gründen?**

- Sind Sie eher eine Einzelkämpferin und möchten Sie die alleinige Leitung haben? Wollen Sie wirklich die ganze Verantwortung und damit auch das Risiko allein übernehmen? Als Einzelunternehmerin gehört Ihnen zwar der ganze Gewinn, Sie tragen aber auch allein den Verlust.
- Können Sie es verantworten, mit Ihrem gesamten Vermögen (und damit evtl. auch mit dem Ihres Ehemanns) zu haften, oder wiegt die Beschränkung der Haftung andere Nachteile auf?
- Brauchen Sie den regelmäßigen Austausch von Gedanken und Ideen mit einer Partnerin oder Partnern?
- Benötigen Sie Partnerinnen aus wirtschaftlichen oder finanziellen Gründen? Mit einer finanzkräftigen Partnerin haben Sie eine höhere Eigenkapitalbasis und sind damit bei Banken, Kunden und Lieferanten kreditwürdiger.

# Im Team gründen

Mit mehreren Leuten zusammen eine Firma zu gründen hat viele Vorteile. Die, die davon begeistert sind, finden es genial: Man kämpft nicht mehr mit Einsamkeitsgefühlen, kann seine Kompetenzen bündeln und viel besser auf dem Markt auftreten, und es macht auch noch viel Spaß. Es gehört eine Art Grundvertrauen dazu, wenn Sie sich mit anderen zusammentun, Ihre Ideen offenlegen und Ihre Kompetenzen zur Verfügung stellen. Natürlich kann es auch schiefgehen, man fühlt sich ausgenutzt, der andere ist unzuverlässig, oder Sie haben sich selbst überschätzt und stehen doch nicht so zur Verfügung wie erwartet. Vor allem Geld ist ein heikles Thema, das Sie offen angehen müssen. Falls Sie also beschlossen haben, mit Partnern zu gründen, müssen Sie einige Dinge berücksichtigen, damit es gut läuft und Sie nicht mehr Zeit in Ihre Teamentwicklung und Konfliktlösung als in die Akquise und die Kundenbetreuung stecken.

Überlegen Sie ehrlich:
- Was bieten Sie jemandem, der mit Ihnen gründet?
- Was muss diese Person mitbringen, damit es für Sie ein Nutzen ist?
- Warum gründen Sie nicht alleine?
- Ist es wirklich für alle eine „Win-win-Situation"?

Alle müssen sich darüber klar sein, was sie eigentlich wollen, mit welchem persönlichen, finanziellen und zeitlichen

Einsatz sie sich engagieren wollen, in Vollzeit oder Teilzeit. Ist von den jeweiligen Familien und Partnern Unterstützung zu erwarten?

Informationen zur Gründung im Team und mögliche Partner für eine Gründung finden Sie auch unter www.gruenden-imteam.de (siehe oben, Abschnitt „Virtuelle Netzwerke und Portale").

### Das gemeinsame Angebot

Was ist Ihr vielleicht gemeinsam entwickeltes Produkt, wie gehen Sie auf den Markt, gibt es eine Form der Arbeitsteilung, die in der Person der Gründerinnen liegt? Beispielsweise hat eine von Ihnen eine Software entwickelt und ist technisch fit, eine andere kann gut akquirieren, die dritte ist Fachfrau für Finanzen und Büroorganisation. Oder Sie betreiben zu zweit einen Handel für Delikatessen, gründen eine Computerschule für Kinder oder organisieren einen Betriebskindergarten für Ihren ehemaligen Arbeitgeber, der dann evtl. auch eine Kindergärtnerin fest anstellt, wenn Sie das nicht selbst können oder dürfen.

### Rechtsform und Haftung

Für welche Rechtsform entscheiden Sie sich? Wer steuert wie viel Kapital bei? Wer haftet wofür? Bei der Partnerschaftsgesellschaft (PartG, s. Abschnitt „Die Partner-Gesellschaft (PartG)") haften die einzelnen Partner für ihre eigene Leistung bzw. den von ihnen selbst angerichteten Schaden, bei der BGB-Gesellschaft (s. Abschnitt „Die Gesellschaft bürgerlichen Rechts (GbR) oder BGB-Gesellschaft") wird womöglich eine für alle anderen in Haftung genommen. Sie müssen gründlich abklären, ob das Haftungsrisiko wirklich so groß ist, dass Sie eine GmbH gründen sollten.

Setzen Sie sich zusammen und besprechen Sie ausführlich, welche Ideen, welche Träume (oder „Visionen") jede von Ihnen hat, was nicht passieren darf usw. Es ist sinnvoll, möglichst viel in einem Vertrag zu regeln; denn das führt auch dazu, dass Sie vorher Regelungen gründlich überlegen müssen, über die es sonst später vielleicht einmal Streit gibt. Zur Sicherheit sollten Sie den Vertrag von einem auf Unternehmensrecht spezialisierten Juristen prüfen lassen.

Falls Sie mit Freund oder Freundin oder (Ehe-)Partner gründen, brauchen Sie klare Rollenabsprachen. Es ist nicht immer günstig, mit jemandem zusammenzuarbeiten, den man auch sonst sehr mag. Sie nehmen Berufliches mit in die private Sphäre und umgekehrt. Konflikte landen auf der „falschen Ebene", berufliche Sorgen zu Hause, private Konflikte werden womöglich in der gemeinsamen Firma ausgetragen.

Unabhängig davon, ob Sie alleine oder zu mehreren gründen, müssen Sie sich gründlich mit dem Thema Haftung auseinandersetzen, da es Sie auch privat betrifft. Klären Sie, wie groß Ihr Sicherheitsbedürfnis oder aber Ihr Mut zum Risiko ist.

**CHECKLISTE: Haftung**

- Wollen bzw. können Sie es sich erlauben, mit Ihrem gesamten Firmen- und auch Privatvermögen zu haften? Wollen Sie wirklich das volle Risiko ohne Haftungsbeschränkung tragen? Hier gilt es kritisch abzuwägen, wie hoch Ihr Risiko denn nun eigentlich ist! Wenn Sie verheiratet sind (üblicherweise leben Sie im gesetzlichen Güterstand der Zugewinngemeinschaft), müssen Sie (am besten vor der Gründung) prüfen, ob Gütergemeinschaft (hier haftet der Partner mit) oder Gütertrennung (das könnte sich auf Ihre Altersversorgung auswirken) vorteilhafter ist. Da bei der Zugewinngemeinschaft beide Parteien haften, sollten Sie sich rechtzeitig informieren und das Thema in aller Ruhe mit Ihrem Ehemann besprechen.
- Wer haftet für zukünftige Verbindlichkeiten?
- Können Sie Ihre Haftung durch eine geeignete berufliche Haftpflichtversicherung begrenzen?
- Wollen Sie wirklich für Ihre Partnerin oder Ihren Partner mithaften bzw. umgekehrt?

Ziel jeder wirtschaftlichen Tätigkeit ist es, Geld zu verdienen. Ihr Unternehmen kann nur überleben, solange Sie zahlungsfähig sind. Denken Sie immer daran, dass Sie nicht nur Ihre Lieferanten und Ihre Mitarbeiter bezahlen, sondern auch Steuern zahlen müssen. Wie viel Startkapital Sie benötigen, unter welcher Rechtsform Sie tätig werden, hängt nicht zuletzt von der Größe und dem Zweck Ihres Unternehmens ab. Kapitalausstattung, Rechtsform und steuerliche Veranlagung hängen zusammen.

**CHECKLISTE: Steuern, Recht und Kapital**
- Wie viel Kapital steht Ihnen zur Verfügung?
- Wie erfolgt die Beteiligung an Gewinn oder Verlust? Gibt es eine mögliche Begrenzung?
- Müssen störende Rechtsbestimmungen wie z.B. die Pflicht zur Veröffentlichung des Jahresabschlusses in Kauf genommen werden?
- Müssen Sie ein Mindestkapital vorweisen?
- Haben Sie eine gute Rechtsanwältin oder einen kompetenten Steuerberater, denen Sie vertrauen können und die Erfahrung mit Existenzgründerinnen haben?
- Welche Rechtsform ist für Sie in steuerlicher Hinsicht geeignet?
- Was verstehen Sie von Steuern?
- Wie hoch sind die jeweiligen Gründungskosten?
- Wie hoch ist der laufende Aufwand für die Buchhaltung?

Prüfen Sie, welche Punkte für Sie besonders wichtig sind, und besprechen Sie Ihre Überlegungen anschließend unbedingt mit Ihrer Steuerberaterin und/oder Ihrem Rechtsanwalt.

## Das Einzelunternehmen

Das Einzelunternehmen gehört zu den Personengesellschaften und ist die derzeit am weitesten verbreitete Rechtsform. Der Vorteil liegt in der großen Unabhängigkeit: Die Inhaberin ist nur sich selbst verantwortlich, sie trägt allein das unternehmerische Risiko und haftet mit ihrem Privatvermögen, dafür steht ihr auch der Unternehmensgewinn allein zu. Die Gründung ist völlig unkompliziert: Wenn Sie ein Gewerbe betreiben möchten, z. B. im Einzelhandel, so müssen Sie das bei Ihrer Gemeinde bzw. beim Kreisverwaltungsreferat Ihrer Stadt anmelden. Eine Eintragung in das Handelsregister ist für den Kaufmann bzw. die Kauffrau gem. § 1 Abs. 1 HGB erforderlich, aber wenn Sie klein anfangen, ist diese Eintragung für Sie als Kleingewerbetreibende (s. Abschnitt „Kleinunternehmerregelung") freiwillig. Über die Vor- und Nachteile der Handelsregistereintragung finden Sie nähere Erläuterungen im Abschnitt „Das HGB und das Handelsregister"). In diesem Zusammenhang müssen Sie unbedingt die gültigen Bebauungspläne beachten, also, ob die Geschäftsräume unter Umständen eine baurechtliche Nutzungsänderung erfordern (es gibt Gewerbegebiete, gemischte Gebiete und reine Wohngebiete), und schließlich brauchen Sie das Einverständnis Ihres Vermieters, falls Sie das Büro in Ihrer Privatwohnung einrichten wollen.

Wenn Sie freiberuflich arbeiten, entfällt die Anmeldung beim Gewerbeamt; es genügt, wenn Sie sich formlos bei Ihrem Finanzamt als selbstständig melden. Sie bekommen dann einen entsprechenden Fragebogen zugeschickt. Wenn Sie freiberuflich als Übersetzerin in Ihrer Privatwohnung arbeiten wollen, brauchen Sie dafür nicht unbedingt die Erlaubnis Ihres Vermieters, anders jedoch bei regem Kundenverkehr. Schauen Sie nach, was in Ihrem Mietvertrag steht, und reden Sie vor der Gründung mit Ihrem Vermieter.

Eine Mindesthöhe ist für das Startkapital gesetzlich nicht vorgeschrieben; dies kommt Frauen zugute, die als Existenzgründerinnen meist weniger Kapital zur Verfügung haben als ihre männlichen Mitbewerber.

Die Einzelunternehmerin entscheidet allein, trägt aber auch das volle unternehmerische Risiko. Sie haftet mit ihrem gesamten Privatvermögen, da Betrieb und Unternehmerin rechtlich identisch sind. Ein weiterer steuerlicher Nachteil sind die Privatentnahmen. Um Ihren Lebensunterhalt zu bestreiten, müssen Sie sich aus dem Gewinn Ihres Unternehmens ein „Unternehmerinnengehalt" zahlen: Bei der Einzelunternehmung gilt dieses „Gehalt" als Privatentnahme und wirkt sich nicht wie Personalkosten gewinn- und damit auch nicht steuermindernd aus.

### Die freien Berufe

Planen Sie Ihre Unternehmensgründung in der Dienstleistungsbranche, so gibt es viele gute Gründe dafür, als Freiberuflerin zu arbeiten. Als Künstlerin sind Sie ohnehin Freiberuflerin.

Das Bundesverwaltungsgericht rechnet folgende Tätigkeiten zu den freien Berufen: freie wissenschaftliche Tätigkeiten, künstlerische und schriftstellerische Tätigkeiten sowie persönliche Dienstleistungen, die jedoch bestimmten Anforderungen entsprechen, ein bestimmtes Niveau haben müssen, z. B. lehrende oder beratende Tätigkeiten.

Wenn Sie einen der „Katalogberufe" ausüben, die in § 18 EStG geregelt sind, werden Sie keine Probleme mit der Anerkennung haben: „Zu der freiberuflichen Tätigkeit gehören die selbständig ausgeübte wissenschaftliche, künstlerische, schriftstellerische, unterrichtende oder erzieherische Tätigkeit, die selbständige Berufstätigkeit der Ärzte, Zahnärzte, Tierärzte, Rechtsanwälte, Notare, Patentanwälte, Vermessungsingenieure, Ingenieure, Architekten, Handelschemiker, Wirtschaftsprüfer, Steuerberater, beratenden Volks- und Betriebswirte, vereidigten Buchprüfer (vereidigten Bücherrevisoren), Steuerbevollmächtigten, Heilpraktiker, Dentisten, Krankengymnasten, Lotsen, Journalisten, Bildberichterstatter, Dolmetscher, Übersetzer und ähnlicher Berufe." Auch wenn Sie wissenschaftlich arbeiten, z. B. Forschung betreiben, wird die Anerkennung Ihrer Freiberuflichkeit ebenso wenig ein Problem sein wie bei künstlerischen oder schriftstellerischen Tätigkeiten, wenn Ihre Arbeit als zweckfreie Kunst anerkannt wird. Als Malerin oder Bildhauerin werden Sie genauso wenig Probleme haben wie als Romanautorin. Problematisch wird es, wenn Ihre „Kunst" in Richtung Kunsthandwerk geht, d. h. wenn die Dinge, die Sie herstellen und natürlich auch verkaufen möchten, nützlich oder zu gebrauchen sind.

In den letzten Jahren haben sich viele neue Berufsbilder vor allem im Dienstleistungs- und Multimediabereich entwickelt, die den Katalogberufen sehr ähnlich sind. Für die Anerkennung als „Freier Beruf" gibt es hier (leider) keine allgemeingültigen Regeln, da die Beurteilung von Finanzamt zu Finanzamt verschieden sein kann. Unter Umständen lohnt es sich für Sie, Rechtsmittel einzulegen, z. B. wenn es

um die freien Berufe geht, bei denen Sie über die Künstlersozialkasse (KSK) versichert sind. (Näheres hierzu im Abschnitt „Versicherungen für den privaten Bereich, 4. Künstlersozialkasse (KSK)") Gerade die im Multimedia-Bereich
entstehenden Berufe machen eine Abgrenzung – auch für
das Finanzamt – oft sehr schwierig. Wenn Sie einen akade-
mischen Abschluss haben, wird die ausgeübte Tätigkeit im
Allgemeinen leichter als freiberuflich anerkannt. Multi-
media-Autorinnen, die Texte schreiben, Grafiken erstellen
und beispielsweise noch Konzeptionen für das Internet
machen, sind als Freiberuflerinnen anzusehen. Fotografinnen beispielsweise gehören seit 2004 zum zulassungs-
freien Handwerk, können aber auch als freiberuflich gelten, das wird vom Finanzamt festgelegt. Was aber ist mit
einer Foto-Designerin? Diese Berufsbezeichnung ist nicht
geschützt, fällt also nicht unter das Handwerk. Die Abgren-
zungen sind sehr schwierig, holen Sie sich bei Ihrer Steuerberaterin oder dem für Sie zuständigen Berufsverband Rat
oder erkundigen sich bei dem für Sie zuständigen Finanzamt. Die unterrichtende oder lehrende Tätigkeit ist nur
dann eine freie, wenn geistige Inhalte im Vordergrund stehen. Künstlerische, musikalische und geisteswissenschaft-
liche Fächer gehören dazu, allerdings weder die Tanz- noch
die Ballettschule. Unterscheiden müssen Sie auch, ob Sie als
Musiklehrerin unterrichten oder ob Sie als Gewerbe eine
Musikschule betreiben, bei der Sie selbst gar nicht musika-
lisch tätig werden. Auf www.mediafon.net finden Sie dazu
weitere Informationen.

Die größten Vorteile der freiberuflichen Tätigkeit sind die Befreiung von der Gewerbesteuer sowie die einfache Einnahmen/Ausgaben-Aufzeichnungspflicht. Sie sind dann auch kein Pflichtmitglied der Industrie- und Handelskammer (IHK), sparen sich also die Pflichtbeiträge. Für Künstlerinnen und Journalistinnen ist auch noch die Versicherung über die KSK interessant (s. Abschnitt „Versicherungen für den privaten Bereich, 4. Künstlersozialkasse (KSK)").

Wie bei den Personengesellschaften auch wird kein Mindestkapital gefordert, und die Aufzeichnungspflicht bedeutet geringeren buchhalterischen Aufwand. Sie müssen Ihre Tätigkeit aber beim Finanzamt anmelden.

## Die Partner-Gesellschaft (PartG)

Das 1995 verabschiedete Gesetz zur Schaffung von Partner-Gesellschaften ermöglicht Freiberuflerinnen, sich mit anderen freiberuflich tätigen Partnerinnen und Partnern zusammenzuschließen. Der große Vorteil ist die Wirkung nach außen: Sie bleiben Freiberuflerin, treten aber doch unter einem Firmennamen auf; Sie haften weiterhin persönlich, was die Seriosität des Unternehmens unterstreicht. Die Rechtsform der Partner-Gesellschaft war ursprünglich vor allem für jene Berufe geschaffen worden, bei denen Firmeninhaber die Bezeichnung „… & Partner" schon lange benutzten, wie beispielsweise Architekten. Die PartG schließt hier also eine echte Lücke; nun können sich auch Unternehmensberaterinnen mit Psychologinnen und/oder

Rechtsanwälten zusammenschließen, um z. B. ein ganzheitlich orientiertes Beratungszentrum zu gründen. Gesellschafterinnen einer PartG können nur natürliche und keine juristischen Personen – z. B. eine GmbH – sein (§ 1 Abs. 1 PartGG). Im Grunde ist die PartG für die Freiberufler das Gegenstück zur OHG für die Kaufleute. Sie bietet einen gesetzlichen Rahmen für größere Gesellschaften.

Wie bei der GbR ist kein gesetzliches Mindestkapital vorgeschrieben. Die Höhe der Geld- und Sacheinlagen orientiert sich an den wirtschaftlichen Fakten.

Die Entsprechung zum Handelsregister (HR) ist das sog. Partnerschaftsregister, das im Amtsgericht neu eingerichtet wurde; die PartG muss dort angemeldet werden. Der Zweck ist der gleiche wie beim Eintrag ins HR: Die öffentliche Bekanntgabe der Gesellschaftsgründung und der Haftung der Gesellschafterinnen und Gesellschafter steht für Kompetenz und wirtschaftliche Seriosität.

Die PartG ist keine juristische Person, sie ist eine rechtsfähige Personengesellschaft und kann Rechte erwerben und Verbindlichkeiten eingehen, wobei jede Partnerin und jeder Partner die Gesellschaft nach außen vertreten kann. Alle sind voll geschäftsfähige Gesellschafter. Die PartG kann auch Prozesse zwischen sich und den Partnerinnen anstrengen. Das entsprechende Gesetz heißt „Gesetz über Partnerschaftsgesellschaften Angehöriger Freier Berufe", abgekürzt Partnerschafts-Gesellschaftsgesetz (PartGG).

### Wer haftet in der Partner-Gesellschaft?

Durch die Gründung einer PartG können die Partnerinnen – und das ist gegenüber der OHG neu – eine Haftungsbegrenzung erreichen. Dies regelt § 8 Abs. 1 PartGG: „Für Verbindlichkeiten der Partnerschaft haften den Gläubigern neben dem Vermögen der Partnerschaft die Partner als Gesamtschuldner." Die Partnerinnen und Partner haften außer mit dem Gesellschaftsvermögen auch gesamtschuldnerisch mit ihrem persönlichen Vermögen für die Schulden der PartG. Diese Haftung lässt sich jedoch nach § 8 Abs. 2 PartGG auf die Partnerin beschränken, die für die fehlerhafte Arbeit verantwortlich gemacht werden kann: „Waren nur einzelne Partner mit der Bearbeitung eines Auftrags befasst, so haften nur sie gemäß Absatz 1 für berufliche Fehler neben der Partnerschaft." Damit sind Sie davor geschützt, für die Fehler Ihrer Partnerin, Ihres Partners persönlich haftbar gemacht zu werden.

Nach § 8 Abs. 3 kann „durch Gesetz für einzelne Berufe eine Beschränkung der Haftung für Ansprüche aus Schäden wegen fehlerhafter Berufsausübung auf einen bestimmten Höchstbetrag zugelassen werden, wenn zugleich eine Pflicht zum Abschluss einer Berufshaftpflichtversicherung der Partner oder Partnerschaft begründet wird".

Der Partnerschaftsvertrag muss – im Gegensatz zu GbR und OHG – schriftlich geschlossen werden, er muss über Namen und Sitz der PartG, den Namen und Vornamen sowie Beruf und Wohnort jeder Partnerin und jedes Partners und den Geschäftsgegenstand der Partnerschaft informieren. Die

Aufteilung der Arbeitsgebiete der Partner muss festgehalten sein, auch die Höhe der Einlagen, die Beteiligung an Gewinn und Verlust usw. müssen geregelt und schriftlich festgehalten werden.

Der Name der Partnerschaft muss den Namen mindestens eines Gesellschafters, den Zusatz „und Partnerin" oder „und Partner" und auch noch die Bezeichnung aller in der Partnerschaft vertretenen Berufe enthalten (z. B. „Rechtsanwälte und Steuerberater").

Als Personengesellschaft unterliegt die Partnergesellschaft weder der Körperschaftsteuer noch der Gewerbesteuer, für die Jahresrechnungslegung genügt die vereinfachte Einnahme-Überschuss-Rechnung. Der Gewinn wird von jeder Partnerin in ihrer persönlichen Einkommensteuererklärung unter „Einkünfte aus selbständiger Arbeit" angegeben. Die Vorteile der Partnerschaftsgesellschaft liegen vor allem in ihrer offenen Konzeption, die den freien Berufen sehr entgegenkommt, gleichzeitig werden deren wirtschaftliche Betätigungen den Tätigkeiten der klassischen Kaufleute gegenübergestellt und aufgewertet.

Ein Nachteil der PartG liegt darin, dass sie nur aus Angehörigen freier Berufe bestehen darf, die diese Berufe in der PartG auch aktiv ausüben. Schon wenn nur eine Gesellschafterin eine „Nicht-Freiberuflerin" ist, ist die PartG gewerbesteuerpflichtig.

Nach wie vor ist die PartG nicht sehr bekannt, was die Nachfrage nach Fördermitteln zur Existenzgründung bei den Kreditinstituten schwieriger machen kann.

## Die Gesellschaft bürgerlichen Rechts (GbR) oder BGB-Gesellschaft

Die Gesellschaft bürgerlichen Rechts ist eine sehr einfache und gut überschaubare Rechtsform. Wenn sich mindestens zwei natürliche Personen zusammenschließen und ein bestimmtes Ziel gemeinschaftlich verfolgen, liegt bereits eine Gesellschaft bürgerlichen Rechts (GbR) vor, auch wenn diese Personen sich darüber gar nicht im Klaren sein sollten. Praxisgemeinschaften von Ärztinnen oder Rechtsanwältinnen gehören ebenso dazu wie Frauen, die gemeinsam in einem Frauenzentrum Beratung anbieten, oder Frauen, die sich zu Börsenclubs zusammenschließen. Die GbR eignet sich vor allem für Kleingewerbetreibende und für Freiberuflerinnen. Die gesetzlichen Vorschriften finden Sie im Bürgerlichen Gesetzbuch (BGB), §§ 705 bis 740.

Der Gesellschaftsvertrag, der die Partnerinnen und/oder Partner aneinander bindet, muss nicht schriftlich abgeschlossen werden; wenn Sie sich aber aus wirtschaftlichen Gründen zusammenschließen, also um gemeinsam zu arbeiten und auch um Geld zu verdienen, sollten Sie unbedingt einen schriftlichen Gesellschafterinnenvertrag abschließen. So wissen die Partner genau, was vereinbart wurde, und es kommt später nicht so leicht zu Missverständnissen und Auseinandersetzungen.

Alle Gesellschafterinnen haften unmittelbar, solidarisch und unbeschränkt für die Schulden der Gesellschaft, d. h., jede Partnerin und jeder Partner haftet auch mit dem jeweiligen Privatvermögen für die gesamten Schulden der GbR. Das Recht der geschäftsführenden Gesellschafterin, die GbR zu vertreten, kann beschränkt werden. Diese Beschränkung ist auch wirksam gegenüber den Geschäftspartnern der Gesellschaft. So kann beispielsweise vereinbart werden, dass Aufträge ab einem bestimmten Volumen nur mit dem Einverständnis der anderen Gesellschafter angenommen werden können, was eine gewisse gegenseitige Kontrolle erlaubt.

Die GbR ist steuerlich keine eigene Rechtsperson, jede Gesellschafterin wird so behandelt, als betreibe sie ein eigenes Unternehmen. Das heißt, dass jede Gesellschafterin ihren jeweiligen Anteil am Ertrag (oder Verlust) aus der Gesellschaftstätigkeit in ihrer persönlichen Einkommensteuererklärung angeben muss; er wird dann mit den anderen Einkünften oder Verlusten verrechnet, entsprechend ist Einkommensteuer zu zahlen.

Die BGB-Gesellschaft ist umsatzsteuerpflichtig; betreibt sie ein Gewerbe, so muss sie auch Gewerbesteuer zahlen, sobald sie die Freigrenze überschritten hat. Ist die Gesellschaft gewerbesteuerpflichtig, wird der Freibetrag nur einmal gewährt. Der Freibetrag bei der Gewerbesteuer liegt für den Gewerbeertrag bei 24.500 Euro jährlich.

Unternehmerinnenlohn und andere Vergütungen an die Gesellschafterinnen sind keine Gehaltszahlungen und damit für die GbR keine steuerlich abzugsfähigen Ausgaben. Klären Sie mit Ihren Partnerinnen oder Partnern alle strittigen Punkte vor der Gründung. Nach der Gründung haben Sie dafür weder die Zeit noch die nötige Energie.

**TIPP:** In einer BGB-Gesellschaft für berufliche Zwecke sollten es nicht zu viele (am besten drei bis fünf) Gesellschafterinnen und Gesellschafter sein – die Abstimmung wird sonst zu kompliziert. Eine ungerade Anzahl verhindert Patt-Situationen. Für den Vertrag empfiehlt sich unbedingt die Schriftform.

## Die Offene Handelsgesellschaft (OHG)

Die OHG hat ihre Bedeutung im Laufe der Jahrzehnte verloren, andere Gesellschaftsformen bieten mehr Möglichkeiten im Hinblick auf Haftungsbeschränkung, Bonität und Kreditvergabe. Sie zählt wie die BGB-Gesellschaft zu den Personengesellschaften ohne Rechtspersönlichkeit, ist also keine juristische Person. Im Grunde ist sie die Weiterentwicklung der GbR, allerdings nicht für freiberuflich Tätige geeignet. Sie gilt als typische Rechtsform der kleineren und mittleren Unternehmen (der sog. KMUs). Mehrere Personen schließen sich zusammen, um gemeinsam ein Handelsgewerbe zu betreiben (im Unterschied zur GbR, bei der der Zweck unwesentlich war). Zur Gründung einer OHG gehören min-

destens zwei Personen, der Abschluss eines Gesellschafts-
vertrages und die Eintragung in das Handelsregister. Für die
Gründerin kritisch zu sehen ist die Haftung der Partner: Alle
haften voll und mit ihrem gesamten Privatvermögen.

## Die Gesellschaft mit beschränkter Haftung (GmbH)

Die GmbH ist eine Kapitalgesellschaft und eine juristische
Person. Die jeweiligen Bestimmungen sind in dem 1980
reformierten GmbH-Gesetz festgelegt, auch eine Ein-Perso-
nen-GmbH ist möglich. Die GmbH hat eine eigene Rechtspersönlichkeit, eigenes Vermögen und kann Rechtsgeschäfte
aller Art vornehmen, sie kann auch Arbeitgeberin sein oder
beispielsweise von der Gesellschafterin Büroräume mieten
(was diese allerdings bei ihrer Einkommensteuererklärung
unter Mieteinnahmen angeben muss).

Der Firmenname kann eine Sache oder eine Person bezeich-
nen, entsprechend dem geänderten § 4 des GmbH-Geset-
zes muss eine GmbH die Bezeichnung „Gesellschaft mit
beschränkter Haftung" (meist abgekürzt als „GmbH") oder
eine allgemein verständliche Bezeichnung führen.

Die Gründung einer GmbH kann für beliebige Zwecke,
also beispielsweise auch für soziale Zwecke, erfolgen. Das
Stammkapital, das von den Gesellschafterinnen aufgebracht
werden muss, beträgt mindestens 25.000 Euro. Es kann
in Geld-, aber auch in Sachwerten geleistet werden; eine
reine Sachgründung ist aber schon aus Liquiditätsgründen

nicht praktisch. Die Mindesteinzahlung auf jede Stamm-einlage beträgt ein Viertel, insgesamt jedoch mindestens 12.500 Euro. Der Anteil einer einzelnen Gesellschafterin – die jeweilige Stammeinlage – muss mindestens 100 Euro betragen. Der Gesellschaftsvertrag muss notariell beurkundet werden.

In der Satzung – sie entspricht dem Gesellschaftsvertrag – müssen enthalten sein: Firmenbezeichnung und Sitz, Gegenstand des Unternehmens, Höhe des Stammkapitals sowie Höhe der jeweiligen Stammeinlagen.

Die Gewinnverteilung wird im Gesellschaftsvertrag festgelegt. Die GmbH ist verpflichtet, ihren Jahresabschluss offenzulegen. Beschließendes Organ ist die Gesellschafterinnen-Versammlung. Ausführendes Organ – ihre Aufgabe ist die Leitung der GmbH, also die Vertretung nach außen und innen sowie die Geschäftsführung – sind die jeweiligen Geschäftsführerinnen (eine oder mehrere), die meist auch Gesellschafterinnen sind.

Von einer bestimmten Anzahl von Arbeitnehmerinnen und Arbeitnehmern an ist ein Aufsichtsrat gesetzlich vorgeschrieben.

Wie schon erwähnt, ist die GmbH eine Kapitalgesellschaft, daher gibt es keine persönliche Haftung. Dies gilt allerdings erst, wenn die GmbH im Handelsregister (HR) eingetragen ist. Vor dem Eintrag ins HR haften alle Gesellschafter unbeschränkt und solidarisch, d. h. einer für den anderen. Nach dem Eintrag ins HR haftet nur noch das Gesellschaftsvermögen in voller Höhe.

Falls Sie als Existenzgründerin mit dem üblichen Geschäftsverkehr noch nicht so vertraut sind, mag die Führung einer GmbH am Anfang schwierig sein, da doch sehr viele Formvorschriften und Bestimmungen einzuhalten sind, gerade auch im Zusammenhang mit der Haftungsbeschränkung. Unterschätzen Sie auch das Thema Steuern nicht: Als selbstständiges Steuersubjekt zahlt die GmbH Körperschaftsteuer (das ist praktisch die Einkommensteuer von juristischen Personen), Gewerbesteuer (der Freibetrag für den Gewerbeertrag gilt nur für Personen), Kapitalertragsteuer und (wie alle anderen Unternehmen auch) Umsatzsteuer.

Die Anteile der Gesellschafterinnen werden unabhängig von der Besteuerung ihrer GmbH besteuert. Basis sind der Vermögenswert und die Einkünfte daraus. Die gezahlten Gehälter unterliegen der persönlichen Lohn- bzw. Einkommensteuer. Ein Vorteil gegenüber den Personengesellschaften liegt darin, dass Löhne und Gehälter als Betriebsausgaben den steuerpflichtigen Gewinn vermindern.

**TIPP:** Ehe Sie eine GmbH gründen, sollten Sie sich unbedingt gründlich beraten lassen, damit Sie wissen, was alles – auch an Papierkram – auf Sie zukommt.

## Vor- und Nachteile einer GmbH-Gründung

- Die Kapitalbeschaffung kann erleichtert werden, wenn sich relativ viele Personen mit nicht zu hohen Beträgen beteiligen wollen, um einerseits die Kapitalbasis zu stärken, andererseits ein nicht allzu hohes Risiko einzugehen.

- Die Gesellschafterinnen können Angestellte der GmbH sein, ihre Gehälter können als Personalausgaben steuermindernd angesetzt werden.
- Als Angestellte sind die Gesellschafterinnen im Prinzip kranken- und rentenpflichtversichert. Ob sie im Ernstfall nach Erfüllung der gesetzlichen Wartezeiten Arbeitslosengeld erhalten würden, hängt unter anderem von der Höhe der gehaltenen Gesellschaftsanteile und der konkreten Ausgestaltung des Geschäftsführervertrages ab. Wenn die Geschäftsführerin mehr als 50 Prozent der Gesellschaftsanteile hält und dadurch maßgeblichen Einfluss auf die GmbH hat, ist sie nicht sozialversicherungspflichtig, sondern wird als Selbstständige angesehen und muss sich um Krankenversicherung und Altersvorsorge selbst kümmern. Fragen Sie hierzu bitte rechtzeitig Ihre Krankenkasse.
- Die Arbeitgeberin – also die eigene GmbH – kann die steuerbefreiten Beiträge zu einer Direktversicherung übernehmen.

Die beschränkte Haftung ist zumindest gegenüber den Banken kein Vorteil. Sie fordern bei Krediten über die auf das Stammkapital von mindestens 25.000 Euro beschränkte Haftung hinaus weitere Sicherheiten, etwa in Form von Bürgschaften; auch Lieferanten beispielsweise liefern nicht ohne entsprechende Sicherheiten, wenn Ihre GmbH neu am Markt und noch kaum bekannt ist. Als Rechtspersönlichkeit haftet die GmbH selbst unbegrenzt mit ihrem gesamten Gesellschaftsvermögen für Schulden gegenüber Dritten; diese Haftung ist nicht auf die Höhe des Stammkapitals beschränkt, begrenzt ist nur die Haftung der Gesellschafterinnen auf die Höhe ihrer Einlage.

Gegen die Gründung einer GmbH sprechen der hohe und auch kostspielige Gründungsaufwand, die aufwendige Buchhaltung und die gegenüber Banken eher theoretische Haftungsbeschränkung. Haftung gegenüber Lieferanten und Kunden ist im Rahmen des Liefer- und Leistungsumfanges natürlich gegeben. Für kleinere Gründungsvorhaben ist auch das Stammkapital von 25.000 Euro sehr hoch, daher hat der Gesetzgeber die sog. „Mini-GmbH" eingeführt, die eine Alternative zur Limited darstellt.

## Die Unternehmergesellschaft (UG) (haftungsbeschränkt) oder Mini-GmbH

Die Mini-GmbH (Unternehmergesellschaft) gibt es seit November 2008, sie bietet den Gründerinnen die Möglichkeit einer Existenzgründung praktisch ohne Eigenkapital und soll ganz generell Gründungen erleichtern. Sie stellt sicherlich auch eine gute Alternative zur Ltd. dar. Zu Gründungsbeginn muss 1 Euro einbezahlt werden. Das Stammkapital erhöht sich sukzessive um ein Viertel des Jahresgewinns, der in der Unternehmergesellschaft verbleiben muss, bis 25.000 Euro erreicht sind, das ist vom Gesetzgeber so vorgeschrieben.

Sind die 25.000 Euro erreicht, so kann die Mini-GmbH in eine „normale" GmbH umgewandelt werden. Dann erst kann auch der Eintrag ins Handelsregister erfolgen.

Sacheinlagen sind bei der Mini-GmbH nicht erlaubt.

Der Gesetzgeber hat eine Mustersatzung entworfen, das macht die Gründung der Mini-GmbH deutlich einfacher und auch wesentlich preiswerter. Nur die Gesellschafterverträge müssen notariell beurkundet werden.

Wie bei der klassischen GmbH auch, hat die Unternehmerin die Möglichkeit der Haftungsbegrenzung auf das Vermögen der Mini-GmbH. Sie haftet auch hier nur bei Vorsatz mit dem Privatvermögen. Als Nachteil könnte man es sehen, dass jährlich ein Viertel des Gewinns angespart werden muss, aber dafür kommt man der klassischen GmbH näher, die nach wie vor einen guten Ruf hat.

Um ihre Geschäftspartner und generell die Öffentlichkeit über die Haftungsbeschränkung zu informieren, muss die Mini-GmbH mit dem Zusatz „Unternehmergesellschaft (haftungsbeschränkt)" oder „UG (haftungsbeschränkt)" firmieren.

## Die englische Limited (Ltd.)

Die Ltd. ist eine Gesellschaft mit beschränkter Haftung, die in Großbritannien gegründet wird, ihren Sitz in England und auch in Deutschland hat. Sie hat nach einer Entscheidung des Bundesgerichtshofs von 2003 die gleichen Rechte und Pflichten wie eine GmbH. So verlieren Freiberuflerinnen ihren bevorzugten Status und werden bilanzierungspflichtig, außerdem ist die Ltd. körperschaftsteuerpflichtig. Das Haftungskapital der Gesellschaft muss mindestens 1 GBP (entspricht ca. 1,50 Euro) betragen. Aber die Haftungsbeschränkung bezieht sich nur auf Handels- und Vertragspartner. Sollten Sie aus irgendwelchen Gründen schadenersatzpflichtig werden, so haften Sie natürlich mit Ihrem Privatvermögen (wenn Sie nicht gut versichert sind) und unterliegen den hohen Anforderungen des englischen Rechts. Auch bei Zahlungsunfähigkeit haften Geschäftsführer nach den Vorschriften des deutschen Insolvenz-, Straf-, Steuer- und Handelsrechts. Bei Kreditvergaben durch Banken werden wie bei der GmbH auch die üblichen Sicherheiten verlangt, d. h., ein Kredit muss durch persönliche Sicherheiten der Gründerin oder eine werthaltige Bürgschaft abgedeckt sein. Da die Ltd. in Deutschland immer noch relativ ungewöhnlich ist, kann es durchaus vorkommen, dass Sie bei Ihrer Hausbank kein Geschäftskonto einrichten können, nicht einmal auf Guthabenbasis. Die Gründungen von Ltds. als Alternative zur GmbH haben stark zugenommen, bis die Mini-GmbH ins Leben gerufen wurde. Nun bleibt abzuwarten, wie die neue Rechtsform von den Gründungswilligen angenommen wird.

Sollten Sie sich für diese Gesellschaftsform interessieren, z. B. weil Sie viel mit ausländischen Geschäftspartnern zusammenarbeiten, so ist gründliche Beratung bei der IHK und/oder Ihrem Steuerberater erforderlich, insbesondere auch, was die Folgekosten angeht. Die im Internet genannten Kosten sind in aller Regel viel zu niedrig, meist ist nur von Gründungskosten die Rede, nicht aber von den laufenden Kosten in England. Gerne verschwiegen wird auch, dass zwei Bilanzen nötig sind, eine nach deutschem Recht für das hiesige Finanzamt und eine nach englischem Recht für das englische. Weitere Informationen finden Sie unter www.akademie.de oder www.mediafon.net.

## Das HGB und das Handelsregister

1998 wurde das noch aus dem 19. Jahrhundert stammende Handelsgesetzbuch (HGB) reformiert. Im Folgenden sind die wichtigsten Änderungen − nämlich die Reformierung des Kaufmannsbegriffes und die Regeln zur Bildung von Firmennamen − erläutert.

### Der Kaufmannsbegriff

Nach § 1 HGB Abs. 2 ist Kauffrau im Sinne des HGB, wer ein Handelsgewerbe betreibt. Unter Handelsgewerbe wird jeder Gewerbebetrieb verstanden. Nichtkaufleute sind solche, deren Unternehmen nach Art und Umfang keinen in kaufmännischer Weise eingerichteten Geschäftsbetrieb erfordern, weil das Unternehmen zu klein ist. Eine Eintragung des Kleinbetriebs ins HR geschieht freiwillig, die Unternehmerin wird damit zur Kauffrau. Sie besitzt dann alle Rechte einer Kauffrau, muss aber entsprechend auch alle Pflichten erfüllen (§ 4 HGB).

**Die Firma**

Auch das Namensrecht von Unternehmen wurde durch die Gesetzesänderung stark vereinfacht. Die Unternehmerin hat nun relativ freie Hand bei der Namensgebung ihrer Firma. Alle Unternehmen – also Einzelunternehmen, Personengesellschaften und Kapitalgesellschaften – können nun unter folgenden Arten von Firmen wählen:

- Namensfirma: Sie besteht aus einem oder mehreren Personennamen, Beispiel: Anne Bauer GmbH.
- Sachfirma: Sie bezieht sich auf Produkte oder Dienstleistungen, Beispiel: Müller Malereibetrieb GmbH.
- Fantasiefirma: Sie enthält eine Fantasiebezeichnung, Beispiel: Happy und Fit GmbH.

Wichtig ist, dass auf die konkrete Rechtsform hingewiesen wird.

Was jedoch ist genau unter einer Firma zu verstehen? Nach § 17 HGB ist die Firma eines Kaufmanns „der Name, unter dem er seine Geschäfte betreibt und die Unterschrift leistet". Die Firma muss „zur Kennzeichnung des Kaufmanns geeignet sein und Unterscheidungskraft besitzen" (§ 18 HGB). Alle Angaben müssen klar und dürfen nicht irreführend sein.

Eine Firma setzt sich zusammen aus Firmenkern und Firmenzusatz. Der Firmenkern enthält einen Personen- oder Sachnamen und das Gesellschaftsverhältnis, der Firmenzusatz sorgt für die Unterscheidbarkeit. Beispiel: Maya Krumbach GmbH, Softwarehaus.

Nach § 19 HGB muss die Firma Folgendes enthalten:

- bei Einzelkaufleuten die Bezeichnung „eingetragene Kauffrau", „eingetragener Kaufmann" oder aber eine allgemein verständliche Abkürzung davon, wie „e.K.", „e.Kfr." oder „e.Kfm.";
- bei einer Offenen Handelsgesellschaft eben diese Bezeichnung oder die Abkürzung „OHG".

Beim Namen des Unternehmens müssen bestimmte Grundsätze beachtet werden. Die wichtigsten Firmengrundsätze sind:

- Firmenwahrheit: Der Firmenkern muss wahr sein.
- Firmenklarheit: Der Firmenzusatz darf nicht täuschen.
- Firmenausschließlichkeit: Jede neue Firma muss sich von allen anderen am Ort bereits bestehenden Firmen unterscheiden.
- Firmenbeständigkeit: Der Name des Unternehmens kann beibehalten werden, auch wenn die Eigentümerin wechselt.

**TIPP:** Wer sich gründlich über alle Gesetzesänderungen informieren will, dem sei die Homepage des Bundesjustizministeriums (www.bmj.bund.de) empfohlen.

## Das Handelsregister

Das Handelsregister ist ein Verzeichnis aller Kaufleute und wird von den jeweiligen Amtsgerichten in der gesamten Bundesrepublik Deutschland geführt. Zuständig ist jeweils dasjenige Amtsgericht, in dessen Bezirk sich der Geschäftssitz des Unternehmens befindet. In Abteilung A der HR werden die Einzelkaufleute, die Offenen Handelsgesellschaften (OHG) und die Kommanditgesellschaften (KG) geführt, in Abteilung B findet man GmbH, Aktiengesellschaft sowie Kommanditgesellschaft auf Aktien (KGaA).

Einträge, Änderungen und Löschungen werden regelmäßig veröffentlicht, z. B. in den großen Tageszeitungen.

## Kein Problem mehr: Die Scheinselbstständigkeit

Ziel des 1998 erlassenen Gesetzes war es, anhand festgelegter Kriterien zum einen den sozialen Schutz der Selbstständigen zu verbessern, die von einem Auftraggeber abhängig sind, und zum anderen die Abwanderung von Arbeitnehmern in den Status der Selbstständigen zu verhindern, da so dem Staat Beiträge zur Sozialversicherung entgehen. Die im Dezember 1999 eingeführten Kriterien wurden mit Wirkung vom Januar 2003 ersatzlos gestrichen, Grundlage ist das sog. Hartz-II-Gesetz (Zweites Gesetz für moderne Dienstleistungen am Arbeitsmarkt).

Seither gilt: Wie viele Auftraggeber eine Selbstständige hat, spielt keine Rolle bei der Beantwortung der Frage, ob die Tätigkeit als scheinselbstständig eingestuft wird, es hängt von der Art des Arbeitsverhältnisses ab. Wenn es Probleme mit einem Vertrag gibt, so hat sie der Auftraggeber und nicht die Auftragnehmerin. Einen interessanten Artikel hierzu finden Sie auf www.mediafon.net.

### Dienstvertrag und Werkvertrag

Als Selbstständige schließen Sie mit Ihrem jeweiligen Auftraggeber einen Dienst- oder Werkvertrag ab. Das kann mündlich oder schriftlich geschehen.

Ein Dienstvertrag ist nach § 611 ff. BGB ein gegenseitiger Vertrag, durch den sich der eine Partner zur Leistung der versprochenen Dienste und der andere zur Bezahlung derselben verpflichtet. Im Unterschied zum Werkvertrag besteht hier nur eine Verpflichtung zum Tätigwerden, zur Leistung der versprochenen Dienste, nicht festgelegt jedoch ist der Erfolg.

Ein Werkvertrag ist nach § 631 BGB ein Vertrag, bei dem eine Partei ein Werk herstellen muss, er ist auf einen bestimmten Erfolg ausgerichtet, die andere Partei zahlt die vereinbarte Vergütung für das erbrachte Werk. Das kann das Halten eines Seminars sein, die Übersetzung eines Buches oder die Erstellung einer Homepage im Internet. Das Risiko liegt beim Werkvertrag immer auf der Seite derjenigen, die die Leistung zu erbringen haben. Wenn Sie sich beim Aufwand verkalkuliert haben, die Erstellung der Homepage leider doppelt so lange dauert wie geplant, so ist das Ihr Risiko, Ihr Pech, denn ausschlaggebend ist der Erfolg.

**TIPP:** Unterscheiden Sie zwischen freier Mitarbeit (kein festes Angestelltenverhältnis) und freiberuflicher Tätigkeit (kein Gewerbe).

### Freie Mitarbeiter

Freie Mitarbeiter oder „Freelancer" leisten vor allem kreative, konzeptionelle Arbeit. Gerade in der Medien- und Softwarebranche gibt es häufig freie Mitarbeiter, ebenso im Bereich Beratung oder Bildung. Auch Architekten können freie Mitarbeiter sein, sie haben dann projektbezogene Verträge, machen die Pläne oder führen die Bauaufsicht für ein bestimmtes Projekt.

Die Gerichte haben Kriterien für die freie Mitarbeit entwickelt. Ein freier Mitarbeiter

- ist nicht weisungsgebunden,
- kann sich seine Arbeitszeit frei einteilen,
- kann Mittel und Ort selbst wählen,
- wird durch den Auftraggeber nicht kontrolliert,
- hat keine Präsenzpflicht,
- hat die Möglichkeit, auch für andere Auftraggeber zu arbeiten,
- trägt das Risiko des krankheitsbedingten Verdienstausfalles selbst,
- hat keinen Anspruch auf bezahlten Urlaub,
- hat keinen Anspruch auf bezahlte Feiertage.

Auch für die Kündigung gelten natürlich andere Maßstäbe als bei Angestellten. In der Regel endet das Arbeitsverhältnis aus dem Werkvertrag automatisch mit Beendigung des Werkes. In den anderen Fällen gelten jeweils nur sehr kurze Kündigungsfristen.

Freie Mitarbeiter unterliegen nicht der Sozialversicherungspflicht. Sie können sich freiwillig in der Rentenversicherung, der gesetzlichen Krankenkasse (eine Mindestversicherung ist Pflicht) und einer Unfallversicherung versichern. Es gibt auch keine Unterstützung vom Arbeitsamt, wenn die Aufträge ausfallen – es sei denn, Sie haben noch Ansprüche aus dem Arbeitslosengeld I oder Sie haben in die freiwillige Arbeitslosenversicherung für Selbstständige einbezahlt, die es seit Februar 2006 gibt. (Näheres hierzu im Abschnitt „Versicherungen für den privaten Bereich")

### Allgemeine Geschäftsbedingungen (AGB)

Um Ihre Geschäfte ordentlich zu führen und Schwierigkeiten mit Kundinnen bei der Projektabwicklung möglichst zu minimieren, empfiehlt sich für Gewerbetreibende und Freiberuflerinnen – je nach Art und Umfang ihres Geschäfts – die Verwendung von Allgemeinen Geschäftsbedingungen (AGB).

Die AGB enthalten Regeln, die immer gleich sind und bestimmte Dinge festlegen, sodass sie nicht jedes Mal in einem Vertrag neu bestimmt und vereinbart werden müssen.

Bei Warenlieferanten etwa wird u. a. bestimmt, wie hoch der Mindestbestellwert ist, wer die Lieferkosten in welcher Höhe übernimmt, wie hoch die Ware versichert ist und wie mit Mängelrügen (Falschlieferung, Fehlmengen oder -farben usw.) umzugehen ist.

Ersatzlieferung, Änderungsvorbehalt, Gewährleistung, Nachbesserung und Rückgaberecht sind ebenso Inhalte wie beispielsweise die Haftung.

Zu den Warenpreisen ist beispielsweise festgelegt, dass sie in Euro ausgewiesen sind und sich inkl. gesetzlicher Mehrwertsteuer verstehen und mit Erscheinen neuer Preislisten alle alten Preise ihre Gültigkeit verlieren. Auch die Zahlungsbedingungen, z. B. „Die Rechnung ist ohne Abzug innerhalb von 10 Tagen ab Rechnungsdatum zahlbar", und der Erfüllungsort und Gerichtsstand gehören in die AGB.

AGB sind dazu da, gut und vertrauensvoll miteinander zu arbeiten, und nicht, um „Geschäftspartnern Vertragsbedingungen unterzujubeln, über die man mit ihnen nicht reden mag". Weil aber genau das immer wieder versucht wird, ist das „Kleingedruckte" in Verruf geraten – und der Gesetzgeber hat sehr strenge Regeln zum Inhalt und zur Geltung von AGB erlassen. (Quelle: mediafon.net)

Einige Inhalte: AGB dürfen keine versteckten Preise beinhalten oder Bestimmungen, die gegen gesetzliche Vorschriften verstoßen. Auch hohe Zahlungen bei Vertragsrücktritt oder Preiserhöhungen vor Ablauf von vier Monaten sind ebenso wenig legal wie Vertragsstrafen bei Zahlungsverzug. Den exakten Gesetzestext finden Sie im AGB-Gesetz im BGB § 305 ff.

Wenn Sie eigene AGB benötigen, beauftragen Sie einen Rechtsanwalt oder erkundigen Sie sich bei Ihrem Berufsverband danach, denn falsche AGB schaden im Rechtsstreit mehr, als sie nutzen, und die Regelungen sind streng. Einen informativen Text hierzu vor allem für Selbstständige im Medienbereich finden Sie auf www.mediafon.net. Rund 1 000 Musterverträge (und die Warnung, sie nicht ungeprüft zu übernehmen) finden Sie bei der IHK Frankfurt am Main unter www.frankfurt-main.ihk.de.

# Steuern und Buchführung

Buchführung ist für Sie möglicherweise ein Buch mit sieben Siegeln oder Sie lieben sie zumindest nicht allzu sehr. Aber so, wie es sich beim Businessplan lohnt (siehe Kapitel „Der Businessplan"), lohnt es auch hier, sich in die Materie einzuarbeiten, denn Sie sind diejenige, die die Zahlen selbst erwirtschaftet. Sie können damit Ihr Unternehmen überprüfen und steuern. Auch wenn Sie Ihre Buchführung nicht selbst erledigen, so müssen Sie doch so viel davon verstehen, dass Sie nachrechnen und dann evtl. über Maßnahmen zur Kostendämpfung oder Umsatzsteigerung nachdenken können. Welche Produkte oder Dienstleistungen bringen viel, welche wenig Gewinn oder gar Verlust? Unabhängig davon muss der Gewinn aus gewerblicher oder freiberuflicher Tätigkeit versteuert werden.

Beginnen Sie sofort am ersten Tag Ihrer Gründung mit den Aufzeichnungen, denn dazu sind Sie ab dem ersten Geschäftsvorfall nach Beginn Ihrer Tätigkeit verpflichtet.

## Welchen Status haben Sie – gewerblich oder frei?

Sind Sie Freiberuflerin, genügt die einfache Einnahme-Überschuss-Rechnung; sind Sie Gewerbetreibende, ist die doppelte Buchführung gesetzlich vorgeschrieben.

Ihre Aufzeichnungs- und Buchführungspflichten sind im Handelsgesetzbuch und dem jeweils gültigen Steuerrecht geregelt. Für alle Kaufleute und Kapitalgesellschaften besteht nach dem Handelsgesetzbuch (HGB) die Pflicht zur doppelten Buchführung. Seit dem 1.1.2008 können Unternehmerinnen auf die doppelte Buchführung verzichten und ihren Gewinn mit der wesentlich einfacheren Einnahme-Überschuss-Rechnung ermitteln, wenn sie unter 500.000 Euro Umsatz oder unter 50.000 Euro Gewinn bleiben.

Freiberufler können unabhängig von der Höhe des Umsatzes und Gewinns ihren Gewinn mit Hilfe der Einnahme-Überschussrechnung errechnen.

## Einnahme-Überschuss-Rechnung

Für Freiberuflerinnen besteht, wie gesagt, keine gesetzliche Pflicht zur Buchführung. Sie müssen dem Einkommensteuergesetz entsprechend eine Einnahme-Überschuss-Rechnung erstellen (das vorgegebene amtliche Formular samt Anleitung können Sie auf dem Formularserver von www.bund.de herunterladen). Wer sich für die Kleinunternehmerregelung entschieden hat, braucht nicht einmal ein Formular auszufüllen, in diesem Fall genügt nach wie vor eine formlose, aber gut gegliederte Übersicht von Betriebseinnahmen und Betriebsausgaben. Im Gegensatz zur ordentlichen Buchführung sind die Betriebseinnahmen bzw. -ausgaben bei der EÜR in dem Jahr anzusetzen, in dem sie angefallen sind. Haben Sie im Dezember eine Rechnung gestellt und wird diese erst im Januar bezahlt, so dürfen Sie diese Einnahme auch erst im Januar aufzeichnen.

Eine Anleitung zur Erstellung der Einnahme-Überschuss-Rechnung ist auf www.mediafon.net zu finden.

## Kleinunternehmerregelung

Nach § 19 Abs. 1 Umsatzsteuergesetz sind Sie bis zu einem Umsatz von 17.500 Euro im Jahr der Gründung und nicht mehr als 50.000 Euro im darauf folgenden Jahr von der Umsatzsteuer befreit. Das müssen Sie allerdings auch so auf Ihre Rechnungen schreiben, da Ihre Kunden dann ja auch keine Vorsteuer abziehen können.

Dadurch wissen Ihre Kunden allerdings, wie hoch Ihr Umsatz in diesem Jahr maximal sein wird. In meinen Augen hat allein das Wort „Kleinunternehmerregelung" etwas von „klein-klein" an sich, es ermutigt nicht zu Visionen über Expansion und Firmenwachstum. Wenn Sie nur im Nebenerwerb und nur für Privatkundschaft arbeiten, für die ein Aufschlag von 19 Prozent deutlich spürbar ist, so ist dagegen natürlich nichts zu sagen.

Wenn Ihr Umsatzsteuersatz 7 Prozent beträgt, lohnt es besonders, auf die Kleinunternehmerregelung zu verzichten, da Sie für viele Waren 19 Prozent Umsatzsteuer bezahlen; die Differenz bekommen Sie vom Finanzamt erstattet.

## Die Umsatzsteuer

Alle Gewerbetreibenden und die meisten Freiberufler (ausgenommen sind z. B. Ärzte und Zahnärzte für Umsätze aus ihrer ärztlichen Tätigkeit) sind gesetzlich verpflichtet, ihren Kunden Mehrwertsteuer (Umsatzsteuer) in Rechnung zu stellen. Auf der anderen Seite können Sie grundsätzlich die von Ihnen selbst für Ihre Geschäftstätigkeit an andere Unternehmen gezahlte Umsatzsteuer als sog. Vorsteuer mit der von Ihnen eingenommenen Umsatzsteuer verrechnen. Der Satz beträgt ab 1. Januar 2007 19 Prozent des in Rechnung gestellten Betrages („Nettoumsatz"). Der verringerte Umsatzsteuersatz von 7 Prozent bleibt unverändert.

Unabhängig von der Höhe Ihrer Umsatzsteuerschuld müssen Sie in den ersten zwei Jahren Ihrer Existenzgründung die Umsatzsteuer-Voranmeldung monatlich abgeben. Ansonsten ist der Voranmeldezeitraum grundsätzlich das Kalendervierteljahr, es sei denn, die Steuer für das vorangegangene Kalenderjahr beträgt mehr als 7.500 Euro, dann bleibt es bei der monatlichen Anmeldung. Falls Sie weniger als 1.000 Euro abführen müssen, kann das Finanzamt Sie von der Pflicht zur Voranmeldung und Vorauszahlung befreien.

Für sog. Kleinunternehmer mit einem Umsatz von bis zu 17.500 Euro des Vorjahres und einem voraussichtlichen Umsatz im laufenden Jahr von bis zu 50.000 Euro (im Jahr der Geschäftsaufnahme 17.500 Euro) gelten vereinfachte Vorschriften. Insbesondere sind Sie nicht verpflichtet – aber auch nicht berechtigt –, Umsatzsteuer auf Rechnungen auszuweisen. Auf der anderen Seite steht Ihnen auch kein Vorsteuerabzug zu.

Die Voranmeldung ist online über das sog. ELSTER-Formular (https://www.elster.de/index.php) abzugeben. So lästig Sie dies gerade am Anfang finden mögen, so groß ist auch der Vorteil: Sie sind gezwungen, Ihre Buchhaltung regelmäßig zu erledigen – aufschieben geht nicht. Auch für Ihre Liquidität ist das günstig: Möglicherweise zu viel bezahlte Vorsteuer wird Ihnen schnell erstattet.

Bisher wurde die Steuer nach der Soll-Besteuerung berechnet, d. h., die Umsatzsteuer war fällig, wenn Sie Ihre Rechnung gestellt haben, auch wenn der Umsatz noch nicht geflossen ist. Sie konnten einen Antrag auf Ist-Besteuerung stellen, wenn Ihr Umsatz im laufenden Jahr nicht über 125.000 Euro lag, Sie von der Buchführungspflicht befreit sind oder Angehörige eines Freien Berufes waren. Im Sommer 2009 hat der Bundestag im Rahmen des „Bürgerentlastungsgesetzes" den Grenzwert für die Ist-Besteuerung bei der Umsatzsteuer verdoppelt: Unternehmen mit einem Vorjahresumsatz von bis zu 500.000 Euro dürfen ihre Umsatzsteuer ab sofort bundesweit „nach vereinnahmten Entgelten" berechnen. Ein formloser Antrag genügt. Die vorläufig bis Ende 2011 befristete Regelung sorgt in Krisenzeiten für mehr finanziellen Spielraum, senkt die Finanzierungskosten und bringt Zinsvorteile. (Quelle: www.akademie.de)

Nach Ablauf des Kalenderjahres müssen Sie eine selbst unterschriebene Umsatzsteuererklärung abgeben, die das ganze Jahr umfasst.

Für einige freie Berufe gibt es gesetzliche Regelungen. Rechtsanwältinnen oder Ärztinnen beispielsweise müssen Mitglied in ihrer jeweiligen Kammer sein und dürfen nur eingeschränkt werben, auch für Internetauftritte gibt es Regeln.

Die Haftung einer Freiberuflerin ist grundsätzlich unbegrenzt. Zu Ihrer eigenen Sicherheit sollten Sie eine entsprechende Vermögensschaden-Haftpflichtversicherung abschließen. Für eine Rechtsanwältin beispielsweise ist eine solche Versicherung Voraussetzung für die Zulassung, was allerdings die Haftung nicht begrenzt.

Unabhängig davon, ob Sie eine Existenzgründung gemeinsam mit einer oder mehreren Partnerinnen wagen oder allein gründen, gibt es verschiedene Rechtsformen, die entweder die Personen oder das Kapital in den Vordergrund stellen.

Bei den verschiedenen Rechtsformen unterscheidet man, wie schon gesagt, zwischen Personengesellschaften und Kapitalgesellschaften. Ich beschäftige mich in diesem Buch vor allem mit den Rechtsformen, die für Sie als Existenzgründerin infrage kommen.

## Häufige Fehlerquellen

Dieses Buch ist kein Ratgeber für Steuerfragen (siehe „Literaturhinweis"). Trotzdem möchte ich Sie über Folgendes informieren, weil hier oft Fehler gemacht werden, die mit Ärger verbunden sind und Ihr Geld kosten.

### Fahrtenbuch

Es gibt bei der steuerlichen Anerkennung von beruflich genutzten Fahrzeugen drei Möglichkeiten, über die Sie Bescheid wissen sollten, wenn Sie Ihre Kfz-Kosten gewinnmindernd nutzen wollen. Die Finanzämter akzeptieren die vollen Kosten meist nur dann, wenn noch ein zweiter Pkw für private Fahrten vorhanden ist.

Ob Ihr Pkw ein Privat- oder ein Firmenwagen ist, hängt vom Anteil der beruflichen Nutzung ab:

- Bei über 50 Prozent beruflicher Nutzung ist es ein Firmenwagen.
- Bei unter 10 Prozent beruflicher Nutzung ist es ein Privatwagen.
- Sie haben (inzwischen auch als Freiberuflerin) ein Wahlrecht bei einem beruflichen Nutzungsanteil über 10 und unter 50 Prozent.

Ob sich der Aufwand lohnt, ein Fahrtenbuch zu führen (dafür gibt es strenge Vorschriften, es reichen weder mit dem PC erstellte Tabellen noch eine Sammlung loser Zettel), können Sie auf www.mediafon.net im „Ratgeber" ermitteln, dort finden Sie genaue Erläuterungen und ein Formular zum Selbstausrechnen. Wird das Kfz hauptsächlich beruflich genutzt, so muss es als Dienstwagen geführt werden. Dann gelten alle Pkw-Kosten als Betriebsausgaben, für die Privatnutzung müssen Sie einen entsprechenden Anteil als Betriebseinnahme verbuchen.

**Benzinrechnungen über 100 Euro**

Aufgrund der gestiegenen Benzinpreise übersteigen Tankquittungen immer häufiger die 100-Euro-Grenze der Kleinbetragsrechnung. Bei einem Bruttobetrag von mehr als 100 Euro genügt es nicht, wenn auf der Rechnung der Gesamtbetrag und der Steuersatz angegeben sind. Die Rechnung muss den Nettobetrag, den Steuersatz und die Umsatzsteuer offen ausweisen. Außerdem müssen folgende Angaben enthalten sein: Name und Anschrift des leistenden Unternehmens mit Steuernummer oder UID, Rechnungsnummer, Art und Menge des gelieferten Kraftstoffs sowie das Rechnungsdatum und der Zeitpunkt der Lieferung, z. B. durch den Vermerk: „Der Zeitpunkt der Lieferung entspricht dem Rechnungsdatum." Die notwendigen Angaben werden von vielen Tankstellen bereits standardmäßig ausgedruckt. Zu beachten ist jedoch, dass jede Rechnung über 100 Euro auch Namen und Anschrift des Leistungsempfängers enthalten muss. Der Kassierer kann diese Angabe handschriftlich ergänzen. Fehlt eine notwendige Rechnungsangabe, so entfällt der Vorsteuerabzug.

Falls Ihnen das zu aufwendig erscheint, bleibt als Alternative nur, knapp unter 100 Euro zu tanken.

### Umsatzsteuer-Voranmeldung und ELSTER

Wir gehen davon aus, dass Sie in der Regel von anderen Unternehmen Waren oder Dienstleistungen beziehen, die Sie benötigen, um Ihr eigenes Produkt herzustellen und zu liefern oder Ihre eigene Dienstleistung zu erbringen. Als Restaurantbesitzerin brauchen Sie unter anderem Lebensmittel und Getränke; wenn Sie Werbedrucksachen verschicken wollen, benötigen Sie Kuverts und Flyer. Auf diese Waren bezahlen Sie Umsatzsteuer. Diesen Betrag, er ist Ihre Vorsteuer, können Sie nun mit der Umsatzsteuer verrechnen, die Sie selbst in Rechnung gestellt haben: auf Speisen und Getränke, die Ihre Gäste konsumiert haben, oder auf Ihre Dienstleistung, die jemand in Anspruch genommen hat.

Es wurde bereits gesagt, dass Sie als Existenzgründerin in den ersten zwei Jahren zur monatlichen Umsatzsteuer-Voranmeldung verpflichtet sind, unabhängig von der Höhe der eingenommenen Umsatzsteuer.

Der normale Voranmeldezeitraum ist das Kalendervierteljahr, es sei denn, die Umsatzsteuer betrug im vergangenen Jahr bereits mehr als 7.500 Euro, dann bleibt es bei der monatlichen Voranmeldung. Haben Sie weniger als 1.000 Euro abzuführen, kann Sie das Finanzamt von der Pflicht zur Voranmeldung befreien.

Bis zum 10. Tag nach Ablauf des jeweiligen Abgabemonats muss eine Umsatzsteuervoranmeldung elektronisch per „ELSTER" (elektronische Übertragung der Steuererklärung) beim Finanzamt eingehen, die entsprechenden Informationen erhalten Sie auf www.elster.de. Gleichzeitig muss der entsprechende Betrag spätestens am 10. Tag auf einem Konto des Finanzamts eingehen. Sorgen Sie dafür, dass dies pünktlich geschieht, sonst riskieren Sie Säumniszuschläge.

Ergibt sich ein Überhang – gerade zu Beginn der Gründung passiert das öfter, da Ihre Ausgaben die Einnahmen übersteigen –, so überweist das Finanzamt den Betrag zurück. Nach Ablauf des Kalenderjahres müssen Sie eine selbst unterschriebene Umsatzsteuererklärung abgeben, die das ganze Jahr umfasst.

**Dauerfristverlängerung**

Gerade für Existenzgründerinnen, die jeweils weniger als zehn Tage Zeit haben, ihre Buchführung zu machen, kann die Frist knapp werden. Auf Antrag gibt es bei Ihrem Finanzamt die „Dauerfristverlängerung um einen Monat", d. h., die Januarzahlen geben Sie statt zum 10. Februar erst zum 10. März ab. Falls Sie später quartalsweise zahlen, ist der Termin der 10. Mai statt des 10. Aprils. Stellen Sie diesen Antrag rechtzeitig. Diese Dauerfristverlängerung gilt unbefristet, d. h. bis auf Widerruf des Finanzamts. Für das Jahr 2010 ist der Antrag auf Dauerfristverlängerung noch auf einem besonderen Formular zu stellen, das das Finanzamt auf Anforderung zuschickt; ab 2011 müssen Sie den Antrag online stellen.

Wirklich nutzen können Sie als Gründerin diese Fristverlängerung genau einmal, denn dann sind Sie wieder im Vier-Wochen-Rhythmus. Eine echte Hilfe ist die Dauerfristverlängerung vor allem bei quartalsweiser Abrechnung.

**Welche Umsatzsteuersätze gelten für Sie?**

Ab 1.1.2007 wurde die Umsatzsteuer erhöht, nun gelten folgende Sätze: 19 Prozent auf alle Waren und Dienstleistungen, die Ausnahmen mit 7 Prozent betreffen Lebensmittel und Pflanzen, Bücher, Zeitungen und andere Erzeugnisse des grafischen Gewerbes sowie Kunstgegenstände.

Für fast alle Leistungen von freiberuflich Tätigen im Bereich Kunst und Medien gilt der ermäßigte Umsatzsteuersatz, da sie urheberrechtlich geschützte Werke schaffen. Wer Übersetzungen macht, Bücher schreibt, Musik komponiert oder Filme dreht, berechnet seinen Kunden 7 Prozent. Wer zwar frei arbeitet, aber keine Urheberrechte erwirbt, berechnet 19 Prozent, wie z. B. Lektorinnen, Dozentinnen oder Trainerinnen. Die Sachlage ist nicht ganz einfach: Als Fotografin erwerben Sie Urheberrechte an den von Ihnen gemachten Aufnahmen und berechnen entsprechend den verringerten Satz; arbeiten Sie aber beispielsweise für einen Kindergarten und verkaufen nur die Abzüge der Kinderfotos an die Eltern, so müssen Sie den erhöhten Satz von derzeit 19 Prozent berechnen. Es kann also sehr gut sein, dass Sie je nach Kunde und Auftrag unterschiedliche Steuersätze berechnen müssen.

Sie haben sicher in den Medien mitverfolgen können, dass es für Hotels eine Neuerung gibt: Der Umsatzsteuersatz für Übernachtungen sinkt von bisher 19 Prozent auf 7 Prozent.

### Die korrekte Rechnung – so sieht sie aus

„Führt ein Unternehmer eine Leistung an einen anderen Unternehmer für dessen Unternehmen oder an eine juristische Person ohne Unternehmereigenschaft aus, ist er verpflichtet eine Rechnung auszustellen." Bei Leistungen gegenüber privaten Empfängern gilt diese Verpflichtung grundsätzlich nicht. Ausnahme ist die zum 1. August 2004 durch das Gesetz zur Bekämpfung der Schwarzarbeit eingeführte Rechnungsausstellungspflicht bei Leistungen von Unternehmern im Zusammenhang mit einem Grundstück (z. B. Bauleistungen, Gartenarbeiten, Instandhaltungsarbeiten in und an Gebäuden, Fensterputzen). In diesen Fällen ist der Unternehmer verpflichtet, auch bei Leistungen an einen privaten Empfänger eine Rechnung innerhalb von sechs Monaten auszustellen (§ 14 Abs. 2 Satz 1 Nr. 1 UStG). Wird eine Leistung im Zusammenhang mit einem Grundstück gegenüber einem Unternehmer abgerechnet, muss diese Rechnung ebenfalls innerhalb von sechs Monaten ausgestellt werden. Für den Fall, dass eine Rechnung für eine Leistung im Zusammenhang mit einem Grundstück nicht oder zu spät ausgestellt wird, droht eine Geldbuße bis zu 5.000 Euro.

Die Rechnung muss folgenden Inhalt haben:

- vollständiger Name und Anschrift des leistenden Unternehmens
- vollständiger Name und Anschrift des Leistungsempfängers
- Umsatzsteuer-Identifikationsnummer oder finanzamtbezogene Steuernummer
- Ausstellungs- bzw. Rechnungsdatum
- fortlaufende Rechnungsnummer
- Menge und handelsübliche Bezeichnung des gelieferten Gegenstands oder Art und Umfang der sonstigen Leistung
- Zeitpunkt der Lieferung bzw. sonstigen Leistung
- nach Steuersätzen und -befreiungen aufgeschlüsseltes Entgelt
- den auf das Entgelt entfallenden, gesondert auszuweisenden Steuerbetrag oder eine Begründung für die Steuer-

befreiung (z. B. umsatzsteuerbefreit nach der Kleinunternehmerregelung)

- im Voraus vereinbarte Minderungen des Entgelts, z. B. Skonti, Boni, Rabatte, soweit diese nicht bereits im Entgelt berücksichtigt sind
- ggf. Hinweis auf die Steuerschuld des Leistungsempfängers
- ggf. Hinweis auf die Aufbewahrungspflicht von zwei Jahren bei Leistungen im Zusammenhang mit einem Grundstück an Private

Für Rechnungen, deren Gesamtbetrag 150 Euro nicht übersteigt, gelten erleichterte Vorschriften.

Hier genügen folgende Angaben:

- vollständiger Name und Anschrift des leistenden Unternehmens
- Ausstellungsdatum
- Menge und handelsübliche Bezeichnung des Gegenstands der Lieferung oder die Art und der Umfang der sonstigen Leistung
- das Entgelt und der Steuerbetrag in einer Summe
- der Steuersatz
- im Falle einer Steuerbefreiung ein Hinweis auf das Bestehen einer Steuerbefreiung

Die Vereinfachung für Kleinbetragsrechnungen gilt jedoch nicht im Rahmen der Versandhandelsregelung (§ 3c UStG), bei innergemeinschaftlichen Lieferungen (§ 6a UStG) und bei der Steuerschuldnerschaft des Leistungsempfängers nach § 13b UStG. (Quelle: Merkblatt IHK München)

Eine elektronische Übermittlung von Rechnungen ist nur mit einer elektronischen Signatur erlaubt – der bequeme Rechnungsversand per E-Mail ist also nicht mehr zulässig. (Quelle: mediafon.net)

## Die Umsatzsteuer-Identifikationsnummer (UID oder USt-IdNr.)

Die UID oder USt-IdNr. brauchen Sie, um grenzüberschreitende Geschäfte innerhalb der EU abwickeln zu können. Die Nummer können Sie beim Bundesamt für Finanzen online beantragen (www.bzst.de). Sie können sie statt Ihrer Steuernummer auf Ihren Rechnungen angeben. Damit bleibt Ihre Steuernummer geheim und es kann weniger leicht Missbrauch betrieben werden.

## Einkommensteuer (ESt)

Die Einkommensteuer ist eine persönliche Steuer auf Ihre Einnahmen als natürliche Person, die Sie auf jeden Fall zahlen müssen, ob Sie nun angestellt oder selbstständig, freiberuflich oder gewerblich tätig sind. Sie ist im Einkommensteuergesetz (EStG) geregelt. Es gibt sieben Einkunftsarten, die der Einkommensteuer unterliegen, für Sie als Unternehmerin sind es die sog. Gewinneinkünfte, also Einkünfte aus Gewerbebetrieb oder selbstständiger, d.h. freiberuflicher Arbeit. Nach Ablauf des Kalenderjahres (oder Wirtschaftsjahres, falls davon abweichend) werden Sie zur Einkommensteuer veranlagt. Das Finanzamt ermittelt aus Ihren Angaben die Höhe der voraussichtlich geschuldeten Steuer und legt für das kommende Jahr die Vorauszahlungen fest. Für Existenzgründerinnen werden die Vorauszahlungen entsprechend dem Betriebseröffnungsbogen (diesen Fragebogen hat Ihnen Ihr Finanzamt nach der Gewerbeanmeldung zugeschickt) festgesetzt. Die Einkommensteuervorauszahlung muss jeweils zum 10. März, 10. Juni, 10. September, 10. Dezember geleistet werden.

### Körperschaftsteuer (KSt)

Für Kapitalgesellschaften wie z. B. die GmbH besteht Körperschaftsteuerpflicht auf alle Einkünfte, sie ist sozusagen die Einkommensteuer für Kapitalgesellschaften. Der Satz beträgt seit 2008 15 Prozent plus Solidaritätszuschlag, also insgesamt 15,825 Prozent. Die Körperschaftsteuer-Voranmeldungen sind wie die Einkommensteuervorauszahlung jeweils zum 10. März, 10. Juni, 10. September, 10. Dezember abzugeben.

### Gewerbesteuer

Jeder inländische Gewerbebetrieb, egal ob Einzelunternehmen, Personen- oder Kapitalgesellschaft, unterliegt der Gewerbesteuer. Immer wieder ist davon die Rede, dass auch die freien Berufe der Gewerbesteuer unterworfen werden sollen, derzeit ist das Thema jedoch nicht aktuell. Bemessungsgrundlage für die Steuerhöhe ist der Gewerbeertrag, es gibt einen Freibetrag für natürliche Personen sowie Personengesellschaften in Höhe von 24.500 Euro und von 100.000 Euro für kleinere und mittlere Unternehmen. Die Höhe der Gewerbesteuer bzw. der Hebesätze ist in den einzelnen Städten und Gemeinden unterschiedlich hoch, der Hebesatz wird von den Gemeinden selbst festgelegt. Auf dem Land ist er niedriger als in den Städten. Der Mindesthebesatz beträgt 200 Prozent.

Der Gewerbesteuerbescheid wird von der Gemeinde ausgestellt. Die Gewerbesteuer ist keine Betriebsausgabe mehr, das hat sich geändert, sie darf deshalb bei der Körperschaftsteuer nicht mehr abgesetzt werden. Allerdings ist sie bis zu einem Gewerbesteuerhebesatz von 380 Prozent bei der Einkommensteuer von Privatpersonen anrechenbar.

# Das Franchising

Die Vorteile des Selbstständigseins und die Vorteile, die ein Großunternehmen zu bieten hat, können Sie durch das sog. Franchising verbinden, eine häufig genutzte Möglichkeit, um eine eigene berufliche Existenz zu gründen. Als Franchisenehmerin übernehmen Sie gegen entsprechende Gebühren die Geschäftsidee eines Franchisegebers. Im Idealfall stellt er Ihnen ein bewährtes Konzept zur Verfügung. Das notwendige Know-how erhalten Sie durch Schulungen, selbstverständlich werden Sie fortwährend betreut und hier liegt auch das Problem: Ihre unternehmerische Freiheit wird durch das Konzept eingeschränkt, Sie können oft nicht so agieren, wie Sie möchten. Dafür sind Sie keine Einzelkämpferin. Es ist also ganz wichtig, dass Sie sich rechtzeitig darüber im Klaren sind, was genau Sie wollen.

Sie müssen sich gut informieren, sowohl über das System „Franchising" an sich als auch über die Branche, in der Sie gründen wollen. Gehen Sie auf eine START-Messe: START in Bremen (www.start-messe.de/bremen) und Essen (www.start-messe.de/essen) oder auf eine der speziellen Franchising-Messen, lesen Sie die einschlägigen Broschüren und Literatur – auch im Internet finden Sie sehr viel Informationen –, und vielleicht befragen Sie Franchisenehmer, die bereits am Markt sind. Auf XING finden Sie bestimmt jemanden, der Ihnen dazu Auskunft gibt.

Weltweit gibt es über 12 000 Franchisegeber und 800 000 Franchisenehmer. Die deutsche Franchisebranche liegt nach

Großbritannien und Frankreich an dritter Stelle in Europa. Seit 1995 ist die Anzahl der Franchisesysteme auf rund 850 angestiegen.

Ein Großteil aller Franchiseunternehmen ist in der Gastronomie aktiv. 56,3 Prozent sind Fast-Food-Betriebe oder Schnellimbisse, 18,2 Prozent sind Hotels, 14,2 Prozent Lebensmittelgeschäfte und 13,1 Prozent Restaurants. (Quelle: www.franchise-wirtschaft.de)

Es gibt sehr viele erfolgreiche Frauen unter den Franchisenehmern, im Handel und natürlich vor allem im Bereich Dienstleistung, der nach wie vor zu den Wachstumsbranchen zählt. Bekannt sind z. B. OBI, Kamps, Vobis, Subway oder Yves Rocher.

## Das Prinzip des Franchisings

Das grundlegende Prinzip des Franchisings ist die Zusammenarbeit zwischen dem Franchisegeber und dem Franchisenehmer.

Der Franchisegeber nimmt die Planung, Durchführung und Kontrolle eines bestimmten Betriebstyps vor, an dem er die Rechte hat: Das kann ein Nachhilfestudio sein, ein Buchhaltungsservice, ein Schnellimbiss, ein Geschäft mit Kinder- oder Damenoberbekleidung oder z. B. auch ein Heimwerkermarkt oder ein Laden für Tierfutter. Der Franchisenehmer vertreibt unter Anleitung und unter dem Namen des Franchisegebers die jeweiligen Produkte oder Dienstleistungen.

Typisch für Franchise ist, dass das Geschäftskonzept komplett vom Franchisegeber entwickelt wird. Er hat das Recht zur Vergabe von Lizenzen für den Verkauf bestimmter Produkte und Dienstleistungen. Er legt die Marketingstrategien fest, bestimmt den Standort und die Ausgestaltung des Geschäftslokals und übernimmt die Schulung der Franchisenehmer. In einem Franchisehandbuch befindet sich die schriftliche Dokumentation des gesamten Know-hows des Franchisegebers zur Weitergabe an den Franchisenehmer. Als Gegenleistung wird von Ihnen als Franchisenehmerin die penible Umsetzung dieses Konzepts gefordert. Je nach Vertrag zahlen Sie eine einmalige Einstandsgebühr, einen bestimmten Prozentsatz vom Umsatz und evtl. Beiträge für Werbemaßnahmen. Als Franchisenehmerin sind Sie selbstständige Unternehmerin, arbeiten in eigenem Namen und auf eigene Rechnung. Der Franchisegeber kann aber vertraglich durchsetzen, dass Sie sich konform verhalten.

Es gibt folgende Franchise-Typen:

- Vertriebsfranchising: Die Franchisenehmerin verkauft bestimmte Waren in ihrem Geschäft, das den Namen des Franchisegebers trägt (Beispiel: Damenoberbekleidung, Baumarkt).
- Dienstleistungsfranchising: Der Franchisenehmer bietet unter der Bezeichnung des Franchisegebers bestimmte Dienstleistungen an und ist verpflichtet, bestimmte Standards einzuhalten (Beispiel: Restaurantkette oder Nachhilfeinstitut).

■ Produktionsfranchising: Die Ware wird vom Franchisenehmer selbst produziert und unter dem Warenzeichen
des Franchisegebers verkauft. (Beispiel: Getränkeabfüll-
betrieb, McDonald's)

## Ist Franchising riskant?

Im Vergleich zu traditionellen Existenzgründerinnen und
-gründern scheitern die Partner eines Franchisesystems
deutlich seltener. Das liegt sicher nicht nur an einem bereits
am Markt bewährten Konzept, sondern auch an der guten
Betreuung, den gemeinsamen und damit groß angelegten
Marketing- und Werbemaßnahmen sowie einer gewissen
„Führung", die auf der anderen Seite, wie schon erwähnt,
die unternehmerische Freiheit einschränken. Es heißt, dass
Franchisenehmer in den ersten vier Jahren nach der Gründung deutlich seltener scheitern als Existenzgründer im
Allgemeinen. Vor allem im ersten Jahr der Gründung sind
sie im Vorteil, was auch einleuchtend ist, da das Produkt
am Markt ja bereits einen Namen hat. Allerdings scheint
die geringere Ausfallquote nicht nur am guten Konzept zu
liegen, sondern auch in der eigenen Person begründet zu
sein. Potenzielle Interessentinnen und Interessenten werden
sehr genau geprüft, was ihr unternehmerisches Know-how
angeht, ihre Motivation und nicht zuletzt ihre Kapitalbasis,
denn die Franchisegeber wollen ja auch verdienen und den
guten Ruf ihrer Marke nicht gefährden. Daher sollten Sie
sich vor einer Entscheidung für Franchising um eine realistische Selbsteinschätzung bemühen.

## Ist Franchising etwas für Sie?

Diese Frage ist für mich die wichtigste, wenn Sie sich mit Franchising beschäftigen: Ist Franchising etwas für mich?

Klären Sie selbst vorab, ob Franchising „Ihr Ding" ist. Nicht jede Frau, die sich auf eigene Füße stellen will, kann und möchte sich in ein System sehr straffer Führung und ausgeprägter Kontrolle einfügen. Es werden Ihnen viele Dinge wie Buchhaltung, Werbemaßnahmen und Einkauf abgenommen, die Ihnen vielleicht lästig sind, aber vielleicht ist Ihnen Ihre unternehmerische Freiheit wichtiger; von Werbung und Marketing verstehen Sie sehr viel, und Buchhaltung ist für Sie nicht lästig, sondern ein Instrument zur Erfolgskontrolle. Für die eine Frau mögen die Vorgaben der Franchisegeber ein hilfreiches Gerüst darstellen, mit dessen Hilfe sie zu dem beruflichen (und damit auch persönlichen) Erfolg kommt, den sie gerne erreichen möchte, für die andere bedeuten sie Einengung und Begrenzung. Hier müssen Sie gründlich abwägen und Ihren Mut und Ihre Lust am Risiko überprüfen.

Eine Franchisenehmerin muss dieselben persönlichen und beruflichen Anforderungen wie jede andere Existenzgründerin auch erfüllen, denn gute Selbstorganisation oder wirtschaftliche Grundkenntnisse sind wie immer die Basis für den wirtschaftlichen Erfolg.

Lassen Sie sich gründlich und umfassend beraten, informieren Sie sich über die Rechte und Pflichten, vergleichen Sie die Höhe der verschiedenen Gebühren, denn in jeder Branche gibt es schwarze Schafe. Alle im deutschen Franchiseverband organisierten Franchisegeber erfüllen bestimmte Mindestanforderungen und die jeweiligen Verträge sind geprüft. Das bedeutet aber nicht, dass alle anderen automatisch ein schlechtes Konzept haben.

## Existenzgründung als Franchisenehmerin

Was sollte Ihnen Ihr Franchisepartner „bieten"?

### CHECKLISTE: Franchisenehmerinnen

- allgemeine Unterstützung bei der Existenzgründung z.B. Finanzierungsberatung, Hilfe bei der Planung, Schulungen, Konzipierung und Durchführung von Werbe- und PR-Maßnahmen
- Bereitstellung von Werbeartikeln
- zentralen Einkauf (und damit natürlich günstige Konditionen)
- zentraler Buchhaltung und Datenverarbeitung
- Bereitstellung von Handbüchern, die die wichtigsten organisatorischen Fragen beantworten
- Beratung bei Jahresabschluss, bei der Steuer sowie allgemeine kaufmännische Beratung
- demokratische Organe in Beiräten
- Seminare

(Quelle: DFV, Deutscher Franchiseverband e.V. Berlin)

Neben den gerade aufgelisteten Anforderungen, die Sie an den Franchisegeber stellen, sollten Sie vorab folgende Dinge prüfen, die teilweise auch von der KfW und anderen öffent-

lichen Geldgebern verlangt werden, wenn Sie dort Fördermittel beantragen wollen:

- Wie lange ist „Ihr" System schon am Markt?
- Gilt „Ihr" System als seriös?
- Gibt es wenigstens Pilotprojekte, wenn das System neu ist?
- Wie viele Partner hat das System derzeit? Wie viele haben
  wann und warum aufgegeben?

Die folgende Checkliste zeigt Ihnen, welche persönlichen
Anforderungen Sie als Franchisenehmerin erfüllen sollten.
Prüfen Sie genau, ob das für Sie passt.

### CHECKLISTE: Persönliche Anforderungen

- Wollen Sie sich einem System unterordnen, d.h. also Entscheidungen und Mehrheitsbeschlüsse auch gegen Ihren
  Willen mittragen?
- Akzeptieren Sie Regeln und Vorgaben? Diese sind notwendig, um z.B. in allen Läden ein einheitliches Erscheinungs-
  bild zu erhalten.
- Akzeptieren Sie die Ratschläge und Tipps der Berater, die
  vom Systemgeber zu Ihnen geschickt werden?
- Es wird von Ihnen Offenheit und Zusammenarbeit mit dem
  Franchisegeber und den anderen Franchisenehmern
  erwartet. Sind Sie bereit, Ihre Erfahrungen mitzuteilen und
  sich mit anderen auszutauschen, oder machen Sie lieber
  alles allein?

Lassen Sie sich niemals unter (Zeit-)Druck setzen – dieser Tipp gilt natürlich für alle Arten von Verträgen und Vereinbarungen. Keine Chance ist so einmalig, kein Angebot so kurze Zeit verfügbar, dass Sie nicht mindestens eine Nacht darüber schlafen könnten oder sogar ausreichend Zeit erhalten, sich gründlich beraten zu lassen.

Weitere nützliche Unterlagen sind beispielsweise Standortanalysen, Kaufkraftanalysen, ein Mehr-Jahres-Plan zur Wirtschaftlichkeitsberechnung sowie eine Investitionsrechnung zur Beurteilung des Vorhabens.

Auch in finanzieller Hinsicht sind von Ihnen als Franchisenehmerin bestimmte Anforderungen zu erfüllen; so müssen Sie eine Einstiegs- oder Grundgebühr entrichten, deren Höhe Sie kritisch zu dem dafür zu Verfügung gestellten Know-how sehen sollten. Darüber hinaus müssen Sie eine laufende Gebühr entrichten, sie wird monatlich oder vierteljährlich erhoben, pauschal oder prozentual. Prozentuale Beteiligung hat den Vorteil, dass sich Ihr Partner stark für Ihr wirtschaftliches Wachstum interessieren wird und Ihnen hier evtl. Unterstützung anbietet. Bei Sonderaktionen können einmalige Gebühren anfallen, auch hier gilt wieder: Fragen Sie vorher nach Häufigkeit und Höhe der Gebühren.

Die übliche Abnahme von Mindestmengen, möglicherweise auch noch zu einem festgelegten Mindestpreis, schränkt Ihren unternehmerischen Spielraum erheblich ein. Auch Zuschüsse zu den Werbekosten sind weit verbreitet. (Quelle: Website DFV)

# Der richtige Standort beim Franchising

Allgemeine Informationen zum Thema Standort finden Sie im Abschnitt „Den richtigen Standort wählen". Ein großer Vorteil beim Franchising ist, dass vom Franchisegeber oft Standortanalysen erstellt und passende Standorte vorgeschlagen werden. Je nach Branche werden der Innenstadtbereich (hier meist Fußgängerzonen und große Einkaufsstraßen mit hohen Passantenströmen), der Randbereich (mit günstiger Parkplatzsituation und niedrigen Gewerbesteuersätzen) oder aber große Shoppingcenter als Standort ausgewählt, da sie eine hohe Kundenfrequenz erwarten lassen.

Wenn Sie selbst kein passendes Geschäftslokal zur Verfügung haben, sollten Sie die Hilfestellung Ihres erfahrenen Systemgebers bei der Standortsuche ruhig nutzen.

# Schon vor der Gründung: Die richtige Absicherung

Zu Ihrer Gründungsplanung gehört auch die Überlegung, dass Sie in Zukunft selbst für Ihre soziale Absicherung verantwortlich sind. Als selbstständige Unternehmerin müssen Sie sich um Ihre Renten-, Kranken- und Pflegeversicherung selbst kümmern. Auch im geschäftlichen Bereich müssen Sie entscheiden, welche Sach- und Personenversicherungen Sie unbedingt brauchen, denn aus dem laufenden Geschäftsbetrieb können erhebliche Risiken entstehen.

## Versicherungen für Ihr Unternehmen

Eine gründliche Analyse im eigenen Unternehmen ist unbedingt erforderlich, auch wenn Sie „nur" als Lektorin im Home-Office arbeiten. Das Verhältnis zur Sicherheit bzw. der Mut zum Risiko ist individuell verschieden. Da Versicherungen jede Menge Geld kosten, sollten Sie gründlich abwägen, welche wirklich notwendig sind.

Für Ihr Unternehmen kommen folgende Versicherungen infrage:

### 1. Betriebs- oder Berufshaftpflichtversicherung
Eine Betriebshaftpflichtversicherung ist unentbehrlich! Haftpflichtansprüche Dritter könnten Ihr junges Unterneh-

men sehr schnell gefährden oder gar in den Ruin treiben. Sie sollten unbedingt die jeweiligen Deckungsausschlüsse gründlich prüfen und dann die Preise vergleichen. Die Betriebshaftpflichtversicherung haftet für Schäden, die Dritten durch Ihren Betrieb entstehen. Sie erstreckt sich auch auf Schäden, die Ihre Mitarbeiter während ihrer Arbeitszeit z. B. Kunden zufügen. Auch wenn eine Ihrer Mitarbeiterinnen durch Ihre Schuld zu Schaden kommt, sind Sie versichert.

### 2. Betriebsunterbrechungsversicherung

Mit dieser Police sichern Sie sich gegen Schäden ab, die in Zusammenhang mit Feuer, Wasser, Maschinenbruch, Computer- oder Energieausfall entstehen können. Beispielsweise zahlt die Betriebsunterbrechungsversicherung für Wasserschäden, wenn Ihre Computeranlage dadurch funktionsunfähig ist und Sie den vertraglich vereinbarten Abgabetermin für ein Software-Programm nicht einhalten können.

### 3. Versicherung gegen Einbruchdiebstahl

Eine Einbruchdiebstahlversicherung schützt Sie, wenn versicherte Sachen gestohlen, beschädigt oder zerstört werden. Achten Sie darauf, dass auch Ihre geleasten Anlagen mit inbegriffen sind.

### 4. Feuerversicherung

Eine Feuerversicherung gehört mit zu den wichtigsten Versicherungen. Schäden durch Brand, Explosion oder Blitzeinschlag sind ebenso gedeckt wie Lösch- oder Aufräumungs-kosten.

### 5. Versicherung gegen Sturm und Hagel

Je nach Standort und Betrieb kann (z. B. für eine Gärtnerei mit vielen Gewächshäusern) auch eine Hagelversicherung sinnvoll sein.

### 6. Warentransportversicherung

Wenn Sie viele Güter auf eigene Gefahr transportieren, können Sie beispielsweise den Diebstahl eines Fahrzeugs mit Ladung ebenso versichern wie einen Einbruch in das Fahrzeug.

### 7. Versicherung gegen Wasserschäden

Hier versichern Sie sich gegen Schäden durch auslaufendes Wasser aus Wasserleitungen oder Heizungsanlagen.

### 8. Rechtschutzversicherung

Mit dieser Versicherung sichern Sie sich gegen Kosten ab, die durch Rechtstreitigkeiten entstehen können. Achten Sie auf das Kleingedruckte: Viele Versicherer übernehmen die Prozesskosten nur bei Aussicht auf Erfolg.

### 9. Elektronikversicherung

Diese Versicherung ist nicht billig, sie deckt das einfache Abhandenkommen sowie die Beschädigung unabhängig von der Ursache (z. B. wenn der PC vom Tisch fällt oder sich ein Glas Saft über die Tastatur ergießt). Abgerechnet wird entweder nach pauschaler Versicherungssumme oder nach detaillierter Liste.

### 10. Inventarversicherung

Diese Versicherung entspricht der „Hausrat-Versicherung" im privaten Bereich.

## Versicherungen für den privaten Bereich

Auch für den privaten Bereich sollten Sie eine Prioritätenliste aufstellen: Was ist das wichtigste und dringendste Risiko, das versichert werden muss? Denken Sie daran: Kleinere Schäden können Sie selbst bezahlen, es muss nicht alles versichert werden.

### 1. Haftpflichtversicherung

Wenn Sie bisher noch keine Privathaftpflicht abgeschlossen haben, dann wird es wirklich höchste Zeit, denn das Risiko, Dritte unabsichtlich zu schädigen, ist doch relativ hoch. Die Prämien sind vergleichsweise niedrig im Verhältnis zum Schutz, den Sie dafür erhalten, und den evtl. entstehenden Kosten im Schadenfall.

**TIPP:** Viele Haftpflichtversicherungen nehmen Kinder und Lebenspartner ohne zusätzliche Kosten in den Versicherungsvertrag mit auf.

## 2. Berufsunfähigkeitsversicherung

An dieser Versicherung sollten Sie auf keinen Fall sparen! Als Selbstständige erhalten Sie oft keine Rente über die Sozialversicherung, weil Ihnen Rentenjahre fehlen, oder sie ist so niedrig, dass Sie davon nicht leben können. Erkundigen Sie sich genau bei den verschiedenen Versicherungen, welche Leistungen Sie für den jeweiligen Betrag bekommen. Die Versicherungen haben die Möglichkeit, Sie an andere Berufe „zu verweisen", das muss aber jeweils auf Ihre soziale Situation und auf Ihre Kenntnisse aus Beruf und Erfahrung bezogen sein. In Ihrem eigenen Interesse müssen Sie alle Fragen zu Vorerkrankungen und Unfällen genau und wahrheitsgemäß beantworten, sonst kann die Versicherung zu Recht die Zahlung verweigern.

## 3. Krankenversicherung

Seit dem 1.1.2009 besteht eine allgemeine Pflicht zur Krankenversicherung, auch alle Selbstständigen müssen sich jetzt gegen Krankheit versichern. Es gibt drei Möglichkeiten, wobei Publizisten und freie Künstlerinnen hier eine Ausnahme bilden, sie versichern sich über die Künstlersozialkasse (KSK).

a) Private Krankenversicherung zu den am Markt gängigen Tarifen.

Je jünger Sie sind, desto günstiger ist es in der Regel, wenn Sie sich privat versichern. Die Beiträge der privaten Krankenkassen richten sich nach Ihrem Alter und dem Umfang des gewünschten Versicherungsschutzes sowie

Ihrem Gesundheitszustand. Bestimmte Erkrankungen bzw. Leistungen dafür können aber von der Deckung ausgenommen sein.

b) Basistarif der privaten Krankenversicherungen.

Diesen Tarif können Sie wählen, wenn Sie maximal sechs Monate freiwillig bei einer gesetzlichen Krankenversicherung versichert waren. Der Basistarif darf 570 Euro nicht überschreiten und liegt durchschnittlich bei 500 Euro.

c) Sie können sich von Anfang Ihrer Selbstständigkeit an für eine freiwillige Weiterversicherung in einer gesetzlichen Krankenkasse entscheiden.

Allerdings bestehen folgende Einschränkungen:

– Sich als Selbstständige in der gesetzlichen Krankenversicherung freiwillig weiterzuversichern, ist nur dann möglich, wenn Sie mindestens zwölf Monate ununterbrochen oder in den letzten fünf Jahren mindestens 24 Monate lang gesetzlich krankenversichert waren. „Da hierzu neben Arbeitsverhältnissen auch eine Versicherung über die Arbeitsagentur, die studentische Krankenversicherung und die Familienversicherung der Eltern zählen, dürften diese Bedingung fast alle Berufseinsteiger erfüllen." (Quelle: Website mediafon.net).

– Wenn Sie diese Chance nutzen wollen, müssen Sie sich spätestens drei Monate nach Ende der (vorherigen) Versicherungspflicht für die freiwillige Weiterversicherung entscheiden. Wenn Sie diese Frist versäumen, haben

Sie keine Chance mehr. Sie kommen erst dann wieder in die gesetzliche Krankenversicherung, wenn Sie als Angestellte arbeiten und unter der Jahresarbeitsentgeltgrenze von derzeit 49.950 Euro bleiben. Und zwar ehe Sie 55 Jahre alt sind!

Die freiwillige Weiterversicherung in der gesetzlichen KV ist gerade am Anfang für wenig Verdienende nicht besonders günstig. Nicht nur, dass Sie ja jetzt als Selbstständige auch den Arbeitgeber- statt wie bisher nur den Arbeitnehmeranteil bezahlen, die Krankenversicherungen verlangen auch einen gewissen Mindestbeitrag, der von Ihrem Einkommen unabhängig ist. Das Einkommen wird nicht nur nach Ihrem Einkommen aus der Gründung berechnet, sondern auch aus Einnahmen aus einer evtl. Nebenbeschäftigung, aus Kapitalerträgen, Mieteinnahmen, Renten.

Der volle Beitrag von 14,9 Prozent beträgt pro Monat 558,75 Euro. Können Sie geringere Einnahmen anhand eines aktuellen Steuerbescheides nachweisen, ermäßigt sich der Beitrag. Beispielsweise zahlen Sie dann für 2010 bei der TK mindestens 1.916,25 Euro.

Existenzgründerinnen mit Gründungszuschuss oder Einstiegsgeld zahlen nur Beiträge aus mindestens 1.277,50 Euro.

Die Entscheidung „privat oder gesetzlich" hängt sehr stark von Ihren persönlichen Lebensumständen und Ihrer Zukunftsplanung ab. Berücksichtigen Sie, dass Kinder und ein Ehepartner ohne eigene Einnahmen (das ist ja nicht dasselbe) in der gesetzlichen Krankenkasse in der Regel kostenfrei mitversichert sind.

### 4. Künstlersozialkasse (KSK)

Für selbstständige Künstlerinnen und publizistisch Tätige sowie Lehrkräfte, die im künstlerischen oder publizistischen Bereich unterrichten, gibt es eine besonders günstige Versicherungsmöglichkeit: über die Künstlersozialkasse (www.kuenstlersozialkasse.de). Wie Arbeitnehmer bezahlen Sie nur den halben Beitrag zur Kranken-, Pflege- und Rentenversicherung. Die andere Hälfte wird größtenteils von den Unternehmen finanziert, die auf die an Sie bezahlten Honorare die sog. Künstlersozialabgabe zahlen müssen. Den Rest trägt der Bund bei. Besonders günstig ist die KSK deshalb, weil die Beiträge im Gegensatz zu den anderen Selbstständigen prozentual vom Einkommen berechnet werden. Übrigens ist die KSK selbst keine Versicherung, sondern zieht nur Beiträge ein und leitet sie an die jeweiligen Versicherungsträger weiter.

### 5. Rentenversicherung

Bisher galten private Rentenversicherungen für Ihre Altersversorgung als bestens geeignet. Nach dem Börsencrash im Herbst 2008 hat sich sehr viel verändert, ich möchte und kann Ihnen daher keine Tipps geben, sondern ich rate Ihnen dringend, sich von möglichst unabhängigen Fachleuten beraten zu lassen. Dafür zahlen Sie meist einen Betrag, der es Ihnen wert sein sollte, denn die Materie ist für Laien kaum mehr zu durchschauen. Erste Informationen gibt es z. B. auf www.finanzfachfrauen.de, die FinanzFachFrauen sind ein bundesweiter Zusammenschluss von qualifizierten Finanzdienstleisterinnen.

## 6. Risikolebensversicherung

Eine Risikolebensversicherung empfiehlt sich vor allem dann, wenn Sie wenig Geld zur Verfügung haben, aber sicherstellen möchten, dass im Falle Ihres Ablebens z. B. die Kredite bei der Bank abgesichert sind und Ihre Familie versorgt ist. Sie erhalten hier für relativ geringe Beträge hohen Schutz, erhalten aber − im Unterschied zur Kapitallebensversicherung − nach Ende des Vertrages kein Geld ausbezahlt. Bei manchen Kreditinstituten ist der Abschluss einer Risiko-Lebensversicherung Voraussetzung für die Kreditgewährung.

## 7. Pflegeversicherung

In Deutschland sind inzwischen alle Personen verpflichtet, sich bei einer Pflegeversicherung zu versichern. Pflegeversicherungen werden von allen privaten und gesetzlichen Kassen angeboten, üblicherweise versichert man sich dort, wo man auch krankenversichert ist. Nähere Informationen erhalten Sie bei Ihrer jeweiligen Krankenkasse.

## 8. Unfallversicherung

Als Arbeitnehmerin waren Sie während Ihrer Zeit als Angestellte bei der gesetzlichen Berufsgenossenschaft gegen

Arbeitsunfälle versichert. Als selbstständige Unternehmerin können Sie sich freiwillig bei der jeweiligen Berufsgenossenschaft versichern. Als Mitglied sind Sie gegen die Folgen von Berufs- und Wegeunfällen sowie von Berufskrankheiten versichert. Die Adresse erhalten Sie bei der für Sie zuständigen IHK.

## Rente und Altersvorsorge

Wenn Sie noch recht jung sind, werden Sie vielleicht bei dem Gedanken an Rente lächelnd abwinken, da es bis dahin ja noch recht weit ist. Je früher Sie jedoch damit beginnen, sich um eine eigene Altersversorgung zu kümmern, desto geringer sind die Beiträge, die Sie monatlich einbezahlen, und desto höher der Betrag, der Ihnen dann nach Ablauf entweder auf einmal oder in monatlichen Raten ausbezahlt wird, je nachdem, für welche Anlageform Sie sich entschieden haben. Mittlerweile ist allen klar, dass die gesetzliche Rente im Alter auf keinen Fall ausreichen wird. Je nach erworbenen Rentenansprüchen müssen Sie also zusätzliche eigene Leistungen erbringen. Was für Sie nun die günstigste Lösung ist, ob Sie besser eine private Rentenversicherung oder eine Kapitallebensversicherung (bei den derzeitigen niedrigen Zinsen eher keine so gute Idee) abschließen, regelmäßig Anteile an einem Aktienfonds erwerben (hier fallen relativ hohe Gebühren an und die Gewinne sind nicht garantiert) oder auf andere Weise sparen, hängt ganz von Ihren bereits erworbenen Anwartschaften und Ihrer privaten Situation ab. Eine für

Sie günstige Lösung können Sie nur durch gründliche und umfassende Beratung finden.

Wichtig ist allerdings, dass Sie dieses Thema sehr ernst nehmen und es trotz „Gründerstress" oder auch aus finanziellen Gründen nicht auf die lange Bank schieben oder ganz vergessen. (Links und Literaturhinweise zu Versicherungen finden Sie im Anhang.)

## Arbeitslosenversicherung für Selbstständige

Für eine freiwillige Arbeitslosenversicherung zahlen Selbstständige ab 2012 rund 70 Euro Monatsbeitrag. 2010 lagen die monatlichen Beiträge der freiwilligen Arbeitslosenversicherung für Selbstständige noch unter 20 Euro. Der Grund für die erhöhten Beiträge: mehr Gerechtigkeit. Selbstständige zahlen ab 2012 die Beiträge, die auch ein durchschnittlich verdienender Arbeitnehmer zahlt. Existenzgründer zahlen bis zum Ablauf des ersten Kalenderjahres nach ihrer Gründung generell nur den halben Beitrag.

Die Bedingungen: Sie müssen

a) in den letzten zwei Jahren mindestens 360 Tage arbeitslosenversichert gewesen sein, sei es, dass Sie eine sozialversicherungspflichtige Beschäftigung ausgeübt (nicht notwendigerweise am Stück) oder dass Sie Arbeitslosengeld oder eine andere Entgeltersatzleistung wie Übergangs-, Unterhalts- oder Insolvenzgeld bezogen haben;

b) die Existenz aus dieser Beschäftigung oder aus dem Arbeitslosengeld-Bezug heraus gegründet haben (unschädlich ist nur eine Unterbrechung von max. einem Monat) und vor allem

c) binnen eines Monats nach Aufnahme der hauptberuflichen selbstständigen Tätigkeit (mit mindestens 15 Arbeitsstunden pro Woche) den Antrag auf freiwillige Weiterversicherung bei der Arbeitsagentur stellen. Diese Tätigkeit muss der Arbeitsagentur nachgewiesen werden.

# Der Businessplan

Sicher haben Sie schon von dem inzwischen fast berühmten Businessplan gehört. Er ist ein absolutes Muss, wenn Sie den Gründungszuschuss von der Arge beantragen wollen, aber auch bei Krediten von der Bank werden Sie nicht darum herumkommen, einen aussagefähigen und überzeugenden Businessplan zu schreiben.

Ich persönlich bin der Auffassung, dass jede Gründerin, also auch die Freiberuflerin ohne große Ausgaben für Büro, Personal oder Waren einen Businessplan schreiben sollte, er sorgt für Klarheit und Struktur. Wenn Sie ihn regelmäßig aktualisieren, können Sie die Geschäftsentwicklung gut verfolgen.

## Was ist ein Businessplan?

Im Businessplan stellen Sie Ihre Geschäftsidee vor, erläutern Ihr Angebot, Ihr Produkt, beschreiben die Marktsituation inklusive Analyse der Mitbewerber, erläutern die Chancen und Risiken und geben eine möglichst genaue Schätzung über den voraussichtlichen Kapitalbedarf ab. Hinzu kommt eine Art Lebenslauf, Sie beschreiben Ihren Werdegang und begründen, warum Sie und Ihr Produkt am Markt erfolgreich sein werden. Der Liquiditätsplan wird am besten in einer Excel-Tabelle erstellt. Üblich sind drei Jahre, wobei das erste und zweite Jahr geschätzt, das dritte Jahr nur grob geschätzt werden kann.

Ehe Sie sich an Ihren Geschäftsplan machen, sollten Sie ein bisschen im Netz recherchieren, es gibt unzählige Vorlagen und Empfehlungen, Sie können auch vorgefertigte Muster kaufen, da sind der Tabellenteil mit Excel und der Textteil mit Word bereits angelegt. Es hängt einfach von Ihrer Geschäftsidee und Ihrem Finanzbedarf ab, wie umfangreich Ihr Businessplan sein soll.

## Gliederung eines Businessplans

### 1. Summary

In der sog. Summary, nicht mehr als eine Seite, fassen Sie alles, was für Ihr Geschäft von Bedeutung ist, noch einmal zusammen. Sie wird als Letztes geschrieben, liegt aber oben auf dem Businessplan, sodass eilige Leser sich schnell einen Überblick verschaffen können.

### 2. Ihr Unternehmen

Hier erläutern Sie Ihr Unternehmen, seine Stärken und auch Schwächen und begründen die Wahl der Rechtsform. Was sind Ihre Ziele? Was haben Sie für die Zukunft geplant?

### 3. Ihre Dienstleistung oder Ihr(e) Produkt(e)

In diesem Teil beschreiben Sie konkret Ihre Geschäftsidee, was ist das Besondere an Ihrer Idee, Ihrem Produkt? Gehen Sie auch hier wieder auf die jeweiligen Stärken und/oder Schwächen ein und erläutern Sie den Umgang damit.

#### 4. Der Markt

Gibt es einen Markt für Ihr Angebot? Wie stabil ist er? Wer sind Ihre Zielkunden? Warum sollte jemand Ihr Produkt kaufen, Ihre Dienstleistung buchen? Was hat sie oder er davon? Können Sie Trends berücksichtigen?

#### 5. Die Konkurrenz bzw. Mitbewerber

Kurze Beschreibung von max. drei der wichtigsten Konkurrenzunternehmen inkl. Beschreibung der Konkurrenzprodukte. Welche Strategie verfolgt die Konkurrenz, z. B. Marktbeherrschung? Was können Sie dem entgegensetzen? Ich finde es oft sehr schwer zu erklären, warum z. B. jemand mein Seminar buchen soll statt das eines Kollegen oder einer Konkurrentin, denn die Inhalte sind oft sehr ähnlich. Hier ist es wichtig, dass Sie an Ihrer USP (unique selling proposition), an Ihrem Alleinstellungsmerkmal arbeiten: Was machen Sie anders? Was ist das Besondere an Ihnen, was bekommt der Kunde bei Ihnen und bei der Konkurrenz nicht?

#### 6. Marketing

Welches sind die Bedürfnisse der Kundinnen? Wie kommt die Ware zum Kunden? Ein Onlineshop wird anders vorgehen müssen als ein Teeladen in einer großen Fußgängerzone. Wie ist Ihr Preisniveau? Arbeiten Sie viel mit Rabatten oder Sonderangeboten? Wie und wo werben Sie?

### 7. Der Standort

Wenn sie eine Rolle spielt, erläutern Sie hier die Standortwahl. Was sind die Vor- und Nachteile? (z. B. Gewerbegebiet mit niedriger Gewerbesteuer, genügend Fachkräfte etc.)

### 8. Die Chefin

Schreiben Sie einen kurzen und aussagefähigen Lebenslauf mit den wesentlichen Stationen Ihres Berufslebens.

### 9. Risiko

Was für Risiken gibt es? Unterscheiden Sie intern wie etwa Marketing und extern wie z. B. Gesetzesänderungen, neue Konkurrenten.

### 10. Finanzplanung

Hierher gehört eine Übersicht über den kurzfristigen und langfristigen Finanzbedarf sowie die Liquiditätsrechnung und auch die Höhe Ihres eingebrachten Kapitals.

**11.** Haben Sie einen sog. „Plan B"? Falls irgendetwas schiefläuft oder sich nicht durchsetzen lässt?

Ich habe darauf verzichtet, Ihnen eine Excel-Tabelle samt Liquiditätsplanung zu erstellen, da Sie diese Informationen aus dem Internet direkt auf Ihren Rechner downloaden können, es gibt Pläne für alle Zwecke, z. B. gibt es einen Linktipp von vertikult für die spezielle Businessplanung in der Kulturwirtschaft: www.existenzgruendung-hessen.de/kulturwirtschaft.html.

Für Ihren eigenen „selbst gestrickten" Plan benötigen Sie 12 Spalten für die jeweiligen Monate und unterteilen dann in die relevanten

- **Einzahlungen:**
  – Umsatzerlöse und Anzahlungen
  – die Umsatzsteuer gehört aus Liquiditätsgründen in eine eigene Zeile
  – lang- und kurzfristige Kredite
  – Gründungszuschuss, usw.
  – *Summe*

und

- **Auszahlungen:**
  – Roh-, Hilfs- und Betriebsstoffe
  – Gehälter
  – Miete
  – Fahrzeugkosten
  – Kosten für Werbung und Reisen
  – Versicherungen
  – Steuern
  – sonstige Auszahlungen, usw.
  – *Summe*

Je nachdem ergibt sich eine Über- oder Unterdeckung.

Noch einige Bemerkungen:

- Schreiben Sie Ihren Geschäftsplan möglichst übersichtlich und gut gegliedert. Basis sollten realistische Annahmen sein, keine Träume.
- Seien Sie positiv und kritisch zugleich.

- Üblicherweise hat ein Businessplan zwischen ca. 10 und 30 Seiten.
- Eine gute Idee ist es auch, an einem Businessplan-Wettbewerb teilzunehmen. Sie können Geld gewinnen, bekommen fachmännisches Feedback, und nicht zuletzt lernen Sie die anderen Teilnehmer/innen kennen.

  Beispiele gibt es bei www.bpw-schwaben.de und bei www.bpw-thueringen.de.

  Einen internationalen Businessplan-Wettbewerb gab es 2010 mit dem „Cartier Women's Initiative Awards", in dem die bga als einzige deutsche Repräsentantin in der europäischen Jury vertreten war, das Preisgeld betrug 20.000 Dollar, außerdem war ein einjähriges Business-Coaching mit inbegriffen.

# Geschafft:
# Die ersten 100 Tage

Herzlichen Glückwunsch! Ich gratuliere Ihnen zu Ihrem geglückten Start in die eigene berufliche Existenz. Sie haben es geschafft, Ihre Gründungsidee durchzusetzen und mit Ihrem ganz besonderen Produkt, Ihrer speziellen Dienstleistung auf den Markt zu gehen.

Der bezahlbare Laden befindet sich in Ihrer Traumlage, die Kundinnen und Kunden sind zufrieden, das Büro oder Home-Office ist eingerichtet, bei der Kinderbetreuung haben Sie einen Glücksgriff getan, und auf Ihre neuen Visitenkarten und Prospekte sind Sie zu Recht stolz. Vielleicht haben Sie Ihr Arbeitsverhältnis gekündigt oder Ihnen wurde gekündigt, und nun sehen Sie der Zukunft mit Spannung und Freude, aber auch mit Zweifeln und Ängsten entgegen.

Oder ist es ganz anders? Trotz guter Planung und Beratung, trotz guter Vorbereitung: Die Kunden kommen nicht vorbei, die potenziellen (und sicher geglaubten) Auftraggeberinnen reagieren nicht auf Ihre Angebote, buchen nur ein Mini-Paket statt einer größeren Lösung, die zu bezahlenden Rechnungen werden von den Einnahmen nicht gedeckt … – was tun?

Betrachten Sie diese „ersten 100 Tage" als den Keller Ihres Gebäudes. Fehler, die Sie hier machen, werden wie beim Hausbau sehr teuer, möglicherweise können Sie sie später auch gar nicht mehr beheben. Wenn Sie beispielsweise erst jetzt feststellen, dass Sie sich das viel zu große Büro doch nicht leisten können, müssen Sie wieder umziehen, Ihre Visitenkarten und Prospekte sind dann nur noch Altpapier, und ob Sie aus dem Mietvertrag ohne Zusatzkosten aussteigen können, wäre ebenfalls zu klären. Besser ist es trotzdem, gravierende Fehler jetzt zu beheben, solange das noch möglich ist.

**Lernen Sie aus den Fehlern anderer**

Damit Sie keine „Bauchlandung" machen, sollten Sie möglichst wenig Fehler machen. Lernen Sie aus den Fehlern der anderen, wenden Sie die folgende, immer noch aktuelle Liste auf Ihr eigenes Konzept an, und suchen Sie gezielt nach möglichen Schwachstellen, die Sie damit bereits vor Ihrer Existenzgründung umgehen können.

**CHECKLISTE: Häufige Fehler bei der Existenzgründung**

- unzureichende persönliche, berufliche und fachliche Qualifikation der Unternehmerin
- falsches Unternehmenskonzept
- fehlende Marktkenntnisse
- Fehler bei der Übernahme eines Betriebes
- häufiger Mitarbeiterwechsel
- falscher Standort
- nachlässige Ermittlung des Kapitalbedarfs
- unzureichende und fehlerhafte Finanzierung
- Überschätzung der Ertragskraft
- fehlende Planung

- schlechte Organisation usw.
- fehlende oder falsche Kalkulation und Kostenrechnung
- mangelnde Buchführung
- Nichtbeachten von steuerlichen Vorschriften
- falsche Rechtsform
- fehlende oder zu späte Beratung

(Quelle: Deutscher Sparkassenverlag GmbH, Selbstständig und erfolgreich sein, Ein Leitfaden für Existenzgründer, Stuttgart 2002)

## Strahlen Sie Kompetenz und Zuversicht aus!

Wichtig ist es jetzt, gegenüber Kundinnen und Auftraggebern und evtl. weiteren Geldgebern Kompetenz und Zuversicht auszustrahlen, auch wenn Ihnen angesichts Ihres Bankkontos nicht danach zumute ist. Sie werden feststellen, dass Ihr mühsam beschafftes Kapital sehr schnell zusammenschmilzt. Die Bewegungen auf Ihrem Konto sind lebhaft, allerdings sind es fast nur Ausgänge, denn die Einzahlungen kommen, wenn überhaupt, sehr verspätet. Da Sie neu am Markt sind, wissen Sie auch nicht genau, ob Sie schon mahnen (s. Abschnitt „Die Liquiditätsplanung") sollen oder besser noch zuwarten, Sie wollen Ihre neuen Kunden ja nicht gleich wieder vergraulen.

### Im Kampf gegen Einsamkeitsgefühle: Gleichgesinnte suchen

Wer an das soziale Leben im Büro gewöhnt ist, wird sich zumindest am Anfang zu Hause sehr schwer tun, sich selbst zur Arbeit zu motivieren und einen „normalen" Büroalltag durchzuziehen. Vielleicht hat es Sie schon erwischt, und Ihnen fällt die Decke auf den Kopf? Dann sollten Sie unbedingt gegensteuern. Planen Sie den Besuch von Netzwerkveranstaltungen und verabreden Sie sich mit jemandem, der vielleicht in einer ähnlichen Lage ist, das Gespräch mit ihr oder ihm soll Ihnen guttun. Am besten kümmern Sie sich schon früh um Kontakte, damit Sie dann im Ernstfall schnell seelische und/oder fachliche Unterstützung bekommen.

### Privates und Berufliches vermischt sich

Zumindest in den ersten Monaten werden Sie feststellen, dass sich Beruf und Privatleben vermischen. Sie sind mit jeweils einer Hälfte Ihrer Gedanken beim jeweils anderen. Die Schulprobleme der Kinder mischen sich mit den Sorgen über Ihren Liquiditätsstatus; während Ihr Partner – vermutlich zu Recht – auf mehr Zuwendung pocht, gehen Sie in Gedanken noch einmal das Konzept für Ihren Vortrag durch, den Sie am anderen Tag vor einem großen Auditorium halten werden. Um gut arbeiten zu können, müssen Sie aber den Kopf frei haben. Lernen Sie daher, abzuschalten und eben nicht 1000 Dinge gleichzeitig zu bedenken. Wahrscheinlich kennen Sie dieses Problem auch aus Ihrem Angestelltendasein, aber bei einer eigenverantwortlichen

Unternehmerin ist es doch etwas anderes. Multitasking gilt als eine weibliche Fähigkeit und Stärke, man versteht darunter die Fähigkeit, mehrere Tätigkeiten zur gleichen Zeit durchzuführen, z. B. ein Telefonat zu führen und nebenbei die Kontobewegungen auf dem Onlinekonto zu kontrollieren. Überfordern Sie sich dabei aber nicht, nichts geht dadurch wirklich schneller oder wird wirklich besser.

**Glauben Sie an sich!**

Wenn Sie feststellen, dass Ihnen alles zu viel wird und Sie es so einfach nicht schaffen, gönnen Sie sich – trotz allen Zeitdrucks – eine ruhige Stunde. Prüfen Sie kritisch, welche Aufgaben, welche Tätigkeiten Sie weglassen oder delegieren können; vielleicht lassen sich manche Dinge ja auch verschieben, bis Sie wieder „Luft" haben. Wichtig in dieser Phase ist Ihre Zuversicht, Ihr Glaube an Sie selbst. Sie haben sich zur Existenzgründung entschlossen. Stehen Sie jetzt auch dazu, lassen Sie sich nicht von Selbstzweifeln erdrücken. Sie haben sicher bemerkt, mit welcher Energie und Dynamik Sie Dinge tun, die Sie sich früher nie zugetraut haben. Aus meinen Beratungen und den zu diesem Buch geführten Interviews weiß ich, dass gerade in dieser Anfangsphase viel Energie steckt; die Lust an Neuem, Eigenem setzt ungeahnte Kräfte frei, und die Frauen ziehen Dinge sehr kreativ und erfolgreich durch, von denen sie nicht einmal geträumt haben. Um es mit Paulo Coelho zu sagen: „Der Schlüssel zur Erreichung der Ziele ist Begeisterung, Liebe und Hingabe."

# Das erste Jahr

Auch wenn Sie die viel zitierten ersten 100 Tage gut überstanden haben, ist Ihnen keine Pause gegönnt. Jetzt brauchen Sie vor allem Durchhaltevermögen, vermutlich auch
eine recht große Portion Humor. Manche Dinge haben sich
nicht geändert, nach wie vor müssen Sie Zuversicht aus-
strahlen, Ihre Zielstrebigkeit und gute Selbstorganisation
werden immer wichtiger. Sie werden festgestellt haben, dass
es sich lohnt, diszipliniert zu sein und zum Beispiel darauf
zu achten, dass innerhalb der Familie Vereinbarungen ein-
gehalten werden.

### Finanzprobleme in den Griff bekommen

Falls Sie jetzt feststellen, dass Ihr Finanzkonzept trotz aller
guten Planung doch nicht ganz stimmt, müssen Sie kreativ nach neuen Lösungen suchen. Vielleicht hilft es, alles
noch einmal kritisch zu überarbeiten. Können Sie die fixen
Kosten reduzieren? Vielleicht bei einem Großkunden eine
Anzahlung vereinbaren? Wenn Sie massive Liquiditätsprobleme bekommen, müssen Sie rechtzeitig mit Ihrer Bank
sprechen und/oder nach alternativen Finanzierungsmög-
lichkeiten Ausschau halten. Es hat keinen Sinn, den Kopf in
den Sand zu stecken, denn als seriöse Unternehmerin müssen Sie Ihren finanziellen Verpflichtungen nachkommen.
Eine mögliche Lösung könnte sein (sicher nicht die beste),
noch mehr oder andere Aufträge anzunehmen. Ein Patent-
rezept gibt es leider nicht.

**Alles hat sich gegen Sie verschworen!**

Der tägliche Kampf mit dem Unvorhergesehenen, mit zermürbenden Dingen wie einem Ausfall der Telefonanlage, einer ungeplanten vierwöchigen Dienstreise Ihres Partners oder dem Armbruch Ihrer Tochter kurz vor dem Skilager (dabei hatten Sie den Abschluss des Projektes extra auf diese Woche gelegt), der Schließung des Kinderhorts wegen einer Scharlachepidemie oder der konstanten Weigerung Ihres bis dahin pflegeleichten Sohnes, in die Kita zu gehen, bringen Sie an den Rand der Verzweiflung. Alles und jeder scheint sich gegen Sie verschworen zu haben, und Sie kämpfen allein an allen Fronten. Gegen diese Gefühle gibt es leider kein probates Hilfsmittel. Ich kann Ihnen nur raten, sich praktische Hilfe und emotionale Unterstützung zu suchen und zu versuchen, die Dinge mit Humor und Gelassenheit durchzustehen. Zur Ermutigung ein Spruch von Max Frisch: „Krise ist ein produktiver Zustand. Man muss ihm nur den Beigeschmack der Katastrophe nehmen."

**Zu wenig oder zu viele Aufträge?**

Ein weiteres Problem, das Sie vor Beginn Ihrer Gründung vielleicht gar nicht für möglich gehalten haben, sind zu viele Aufträge. Sie befinden sich in einer echten Zwickmühle: Auf der einen Seite wollen Sie natürlich möglichst viele und gut bezahlte Aufträge haben, auf der anderen Seite sehen Sie ganz klar, wo Ihre Grenzen sind und wofür die Kapazitäten Ihrer Firma nicht ausreichen. Sollen Sie den Auftrag ablehnen und riskieren, einen neuen Kunden zu verlieren, oder den Auftrag annehmen, was bedeuten kann, dass Sie entweder noch mehr arbeiten müssen, obwohl es eigentlich kaum noch zu schaffen ist, oder jemanden einstellen müssen, der diese Arbeit für Sie erledigt. Personal kostet jedoch Geld und muss eingearbeitet und auch kontrolliert werden.

Das gegenteilige Problem wiegt ebenfalls schwer: Sie haben zu wenig Aufträge und damit finanzielle Probleme. Sie müssen Ursachenforschung betreiben: Haben Sie den Markt nicht gründlich genug analysiert, die Bedürfnisse Ihrer potenziellen Kundschaft falsch eingeschätzt? Sind Sie zu teuer? Hat sich der Markt verändert? Ist es ein Problem des Standorts, Ihres Angebots oder vielleicht der Jahreszeit? Ist die Konkurrenz zu groß? Es gibt auch hier viele ganz unterschiedliche Möglichkeiten, damit umzugehen. Lassen Sie sich beraten, verändern und erweitern Sie Ihr Angebot. Was war noch einmal der Zusatznutzen Ihres Produktes, und warum war Ihre Dienstleistung so einzigartig? Vielleicht sind Sie ja auch nur sehr ungeduldig mit sich selbst und haben sich unrealistische Ziele gesetzt.

### Lassen Sie sich von Expertinnen helfen!

Eine gute Möglichkeit, gravierende Probleme zu lösen, ist es, den Rat von Experten einzuholen. Buchen Sie ein Coaching (s. Abschnitt „Gründung aus der Arbeitslosigkeit heraus"), das muss nicht immer teuer sein. Suchen Sie sich Rat und Beistand von außen, z. B. durch „Alt hilft Jung" (siehe Anhang).

**Bleiben Sie bei Ihren Entschlüssen!**

Lassen Sie sich nicht in Ihrem Entschluss beirren und hören Sie nicht auf die gut gemeinten Ratschläge Ihrer Familie, Ihrer Freunde und anderer Experten, die Sie von Ihrem Traum, Ihrer Vision abbringen wollen. Setzen Sie Ihren Weg – ein Umweg kann auch zum Ziel führen – Schritt für Schritt fort, auch wenn es oft nur ganz kleine Schritte sind. Planen Sie so sorgfältig wie möglich, nutzen Sie alle angebotenen Informationsquellen, befolgen Sie die Empfehlungen der Profis. Geben Sie nicht auf.

Zum Schluss ein Spruch eines Seglerfreundes, der mit diesem Leitsatz viele Regatten gewonnen hat: „Never give up – conditions may change!"

# Aus der Erfahrung von Existenzgründerinnen

Manche der folgenden Interviews wurden mit Frauen geführt, die schon länger im Geschäft sind, andere haben vor kurzem gegründet; eine Frau sucht wieder eine feste Stelle, manche sind jünger, einige über 50. Die Frauen mit Kindern haben interessante Modelle dafür entwickelt, alles zu schaffen. In den Berichten können Sie lesen, dass den jeweiligen Männern und teilweise auch Familienvätern durchaus Respekt und Achtung dafür gebührt, wie sehr sie die Frauen in ihren Projekten unterstützen, sie ermutigen und auch die Versorgung der Kinder mit übernehmen. Das ist ja immer noch nicht selbstverständlich. Die Partner haben aber auch regulierende Aufgaben: Übertreibt es die Partnerin mit der Arbeit und taucht gar nicht mehr auf, so fordern sie Aufmerksamkeit, Anerkennung und auch Zeit für die Pflege der Partnerbeziehung ein.

Das Thema Banken ist nach wie vor nicht ganz einfach, die Berichte der Banken und Gründerinnen widersprechen sich oft. Fest steht, dass es durch die kleineren Kreditsummen leichter geworden ist, an öffentliche Gelder heranzukommen; die Garantiegemeinschaften ermöglichen es den Banken durch die Haftungsfreistellung, Gelder auch ohne ausreichende Sicherheiten auszureichen, wenn das Konzept und auch die Gründerin überzeugen können. Fest steht aber auch, dass für neue Gründerinnen ohne Sicherheiten manchmal sogar ein kleiner Dispositionskredit zum großen Hindernis wird. Auch in der Akzeptanz neuer Rechtsformen zeigen sich die Kreditinstitute immer noch eher unflexibel. Das Thema Akquise wurde öfter als Schwierigkeit benannt, ebenso der Kampf mit den täglichen Unwägbarkeiten, so, wie Sie das sicher auch kennen. Es gibt einfach Tage, da geht alles schief. Aber es gibt auch viele andere Tage, an denen es wirklich gut läuft.

Anders als früher üblich, haben sich die meisten der von mir befragten Frauen gründlich beraten lassen und auch Kurse belegt, in denen beispielsweise der Businessplan erarbeitet wurde. Sicher nützlich, aber auch anspornend und vor allem ermutigend, sind die praktischen Tipps und die Erfahrungen der befragten Existenzgründerinnen.

### Beratung und Training – kurz vor dem Vollzeit-Start

Gesine Mahnke, 42, ist verheiratet und hat eine sechs Monate alte Tochter. Sie ist Dipl.-Psychologin, Management-Trainerin und zertifizierte Lehrtrainerin für Culture Communication Skills. Derzeit macht sie eine Ausbildung zum systemischen Coach. Frau Mahnke arbeitet allein als Trainerin und Coach, damit ist sie automatisch Freiberuflerin.

Schon während ihrer Angestelltentätigkeit als Personalentwicklerin hat sie seit dem Jahr 2000 nebenberuflich als Trainerin gearbeitet, „im Lauf des Jahres 2010 mache ich mich voll selbstständig". „Ein Alleinstellungsmerkmal, mit dem ich auf den Markt gehen möchte, ist die ‚interkulturelle Kommunikation mit Schwerpunkt Migration/Integration'."

Nach Tipps und Empfehlungen gefragt, die sie selbst beherzigt und mit denen sie den anderen Frauen Mut machen will, antwortete Frau Mahnke Folgendes:

- „Ganz wichtig ist die Absprache mit dem Partner, der Antrag auf Elternteilzeit meines Mannes hat in seiner Firma ziemlichen Wirbel ausgelöst."
- „Berufliches und auch privates Netzwerken ist ein Muss!"
- Wichtig ist die rechtzeitige Planung, gleich für welchen Bereich, denn „mit Kind brauche ich mehr Pufferzeiten".
- „Ich höre auf meinen Bauch: Aufträge nehme ich nicht an, wenn mein Bauchgefühl dagegen ist, auch wenn sie gut bezahlt sind."
- „Ich rechne mir gute Chancen aus, als Trainerin am Markt Fuß zu fassen, da ich ja bereits nebenberuflich Erfahrungen sammeln konnte und viele Kontakte geknüpft habe, die ich nach wie vor pflege. Mein Vorteil ist, dass ich beide Seiten kenne, ich kenne nicht nur die Trainerseite, sondern auch die Abläufe in Personalentwicklungsabteilungen aus eigener Erfahrung."
- „Trotz der engen Taktung mit dem Baby schaffe ich es Freiraum für mich zu schaffen, meine tägliche Tiefenentspannung ist für mich ein Muss."

Website: www.gesine-mahnke.de

### Qualifizierungsberaterin und Weiterbildungsmanagerin

Annett Warschat ist Anfang 40, verheiratet und hat zwei Kinder. Nach ihrer Ausbildung zur Bürokauffrau hat sie im Fernstudium Betriebswirtschaft mit den Schwerpunkten

Personalwesen, Organisation und Führung studiert und sich auch im beraterischen und Personalentwicklungsbereich sehr umfassend weitergebildet. Sie ist zertifizierte Qualifizierungsberaterin. Im Augenblick bereitet sie sich auf die staatliche Prüfung für den „kleinen" Heilpraktiker für Psychotherapie vor.

*Das Geschäftsfeld*: Nach ihrem Geschäftsfeld befragt, sagt Annett Warschat: „Ich habe mich auf Dienstleistungen und Lösungen rund um die betriebliche Weiterbildung spezialisiert. Mein Angebot umfasst Qualifizierungsberatung, Personalentwicklung und Trainingsmanagement. Ich unterstütze Unternehmen in allen Phasen des Qualifizierungsprozesses, von der Ermittlung des Bildungsbedarfs und der Entwicklung eines Bildungskonzeptes bis zum Bildungscontrolling. Ein großer Vorteil liegt im ganzheitlichen Ansatz. Schulungen werden von mir nicht nur geplant, sondern auch organisiert. Auf Wunsch arbeite ich oder eine Mitarbeiterin beim Kunden vor Ort. Zu meinen Kunden gehören auch Trainer, deren offenes Seminargeschäft und deren Teilnehmer sowie Interessenten ich betreue."

„Im Laufe der Zeit hat sich mein Geschäft bzw. meine Geschäftsidee verändert. Der Anteil Qualifizierungsberatung ist gestiegen im Verhältnis zum Trainingsmanagement. Da ich sehr gerne organisiere, wird die Organisation auch künftig Bestandteil meines Angebotes bleiben. Hinzugekommen zur Qualifizierungsberatung ist das Bewerbungsmanagement für Unternehmen sowie die individuelle Bewerberberatung. Ich berate Bewerber, in erster Linie Frauen, die sich beruflich neu orientieren oder nach längerer Auszeit z. B. durch Kinderbetreuung wieder in ihren Beruf einsteigen wollen. Mit Qualifizierungsberatung und individuellem Bewerbungstraining unterstütze und fördere ich sie auf diesem Weg."

Und wie kamen Sie auf diese Idee?

„Zu dieser Idee kam ich eher durch Zufall. Vor einigen Jahren war ich im Personalbereich für das Bewerbermanagement zuständig. Ein Kontakt, verbunden mit einer Anfrage, aus dieser Zeit brachte mich auf die Idee, hier anzuknüpfen. Das ging natürlich nicht, ohne mein Wissen auf den neuesten Stand zu bringen, und das am besten bei den Bewerbungsexperten Hesse und Schrader."

*Rechtsform:* Sie ist Einzelunternehmerin und bezeichnet sich als eher „unfreiwillige Einzelkämpferin". „Projektbezogen arbeite ich bereits mit freien Mitarbeitern zusammen. Diese Projekte sind zeitlich befristet, daher lohnt es sich (noch) nicht, Personal fest einzustellen."

*Gründung:* Geplant seit 2006, gegründet 2007 mit 40 Jahren.

Wie es dazu kam

„Die strategische Entscheidung meines Arbeitgebers, einem international tätigen Großkonzern, das komplette Weiterbildungsmanagement aus dem Kerngeschäft zu lösen und an ein anderes Unternehmen zu verkaufen, traf mich in voller Härte. War ich mir bisher ganz sicher, in Teilzeit wieder in das Unternehmen einzusteigen, war nun ein 40-Stunden-Vertrag Voraussetzung. Abgesehen davon, dass die Kinderbetreuung in diesem Rahmen damals nicht möglich war, wollte ich meine Kinder auch nicht komplett fremdbetreuen lassen. Das war nicht meine Vorstellung von Vereinbarkeit von Familie und Beruf. Es war für mich ein sehr schwerer Schritt, nach zwölf Jahren das Unternehmen zu verlassen und auf die vermeintliche Sicherheit, vor allem die finanzielle Sicherheit, zu verzichten."

„Mit 40 Jahren und zwei kleinen Kindern hatte ich nicht gerade die besten Voraussetzungen, eine adäquate Anstellung zu finden. Schon nach wenigen Bewerbungen und den dazugehörigen Absagen reifte in mir Plan B, mich selbstständig zu machen. Fachliche und berufliche Voraussetzungen, wie meine Erfahrungen im Weiterbildungsmanagement und im Personalwesen, gaben den Ausschlag für meine Idee."

*Die Idee – der Plan:* „Mein Plan war, Qualifizierungsberatung inklusive dem kompletten Weiterbildungsmanagement für kleinere und mittelständische Unternehmen anzubieten. Während in großen Unternehmen häufig Personalentwickler oder Bildungsberater beschäftig sind, ist es für kleinere Unternehmen einfach kostengünstiger einen externen Qualifizierungsberater zu beauftragen."

*Schwierigkeiten:* „Erste Aufträge zu akquirieren war sehr zäh. Ich bedaure es sehr versäumt zu haben, mit meinem früheren Arbeitgeber ein Arrangement zu treffen bezüglich eines ersten Auftrages. Leider war ich zum Zeitpunkt meines Aufhebungsvertrages gedanklich noch nicht bei einer Selbstständigkeit."

„Die ersten Aufträge liefen mühsam an. Manchmal war ich nahe der Resignation. Hohe Selbstmotivation und der Austausch mit Gleichgesinnten in Netzwerken halfen mir über diese Zeit hinweg. Inzwischen blicke ich stolz auf einen kleinen, treuen Kundenstamm."

*„Altes"* und *neues* Know-how: „Bei meiner Gründungsidee konnte ich gut auf ,bekanntes' und bewährtes Know-how zurückgreifen. Ich habe mich mit einer Dienstleistung selbstständig gemacht, bei der mir mein Wissen und langjährige Erfahrungen aus der Praxis sehr hilfreich sind."

„Ergänzt habe ich meine bestehenden Kompetenzen mit gezielten Fortbildungen im Bereich der Personalentwicklung und dem Ausbau meiner Beratungskompetenz. Erwähnenswert, da für mich sehr wichtig, waren die Fortbildungen ,Personalentwicklung für klein- und mittelständische Unternehmen' sowie der Coaching-Ansatz für ,Lösungsorientierte Kurzzeitberatung' nach Steve de Shazer."

Tipps und Empfehlungen:

- „Haushalten Sie mit Ihren Ressourcen!"
  „Damit das Feuer der Begeisterung für Ihre Idee auch langfristig brennt, schaffen Sie sich Auszeiten zur Regeneration. Planung, Recherche, Konzeption, Businessplan, Akquise, erste Aufträge treiben Ihre wöchentliche Arbeitszeit schnell in schwindelerregende Höhen."
- „Selbstständig und Muttersein"
  „Die Vereinbarkeit zwischen Beruf und Kindern ist nach wie vor eine große Herausforderung. Mein Unternehmen lässt sich nicht in Teilzeit realisieren. Das heißt organisieren, delegieren und Kompromisse schließen. Am Vormittag stehe ich meinen Kunden persönlich zur Verfügung,

vereinbare Termine, berate und unterstütze. Alles Kommunikative wird in dieser Zeit erledigt. Der Nachmittag gehört meinen Kindern. Ist in Ausnahmefällen meine Anwesenheit auf einer Veranstaltung oder bei einem wichtigen Kunden zwingend notwendig, kann ich auf ein gutes Betreuungsnetz zurückgreifen. Das gibt mir die Sicherheit, flexibel reagieren zu können. Sind die Kinder abends im Bett, erledige ich all die Dinge, die keinen telefonischen oder persönlichen Kontakt erfordern, wie die Bearbeitung von Anfragen, Entwicklung von Konzepten, Prüfen von Bewerbungsunterlagen, Recherche oder sonstige Büroarbeiten."

- Finanzierung

  „Sammeln Sie alle Rechnungen, z. B. für Beraterhonorare, Seminare, Fachliteratur oder Büromaterial aus der Vorgründungsphase. Diese können Sie als Selbstständige mit der ersten Steuererklärung als vorweggenommene Betriebsausgaben absetzen."

*Fazit:* „Es war genau der richtige Schritt, mich in die unternehmerische Selbstständigkeit zu wagen. Trotz der arbeitsintensiven Tage und vor allem auch Abende habe ich für mich ein passendes Modell gefunden, Kinder und Berufstätigkeit miteinander zu vereinbaren. Natürlich gibt es neben den Höhen auch Tiefen, die sich jedoch mit einer gehörigen Portion Selbstmotivation, zufriedenen Kundenreaktionen und nicht zuletzt durch vier strahlende Kinderaugen kompensieren lassen."

Website: www.qualifizierungsberatung.de

### Jangowski Service network Bettina Jangowski

Ablauf- und Prozessanalyse betriebsinterner Vorgänge

Bettina Jangowski, 44, ist verheiratet und hat einen 6-jährigen Sohn. Nach erfolgreichem Fachhochschulstudium im Fachbereich Beschaffung, Logistik und Wertanalyse war sie über zehn Jahre in Industrie und Großhandel verschiedener Branchen als Einkäuferin und Disponentin aktiv.

„Dann verlegte ich meinen Tätigkeitsschwerpunkt auf Planningmanagerin, also Disponentin für den Vorserienbedarf neuer Produkte und Systemkoordinatorin, d. h., ich war vier Jahre für die Koordination und Durchflussoptimierung aller interdisziplinärer, produktbezogener Informationen einer bestimmten Produktgruppe verantwortlich, beginnend von der Produktentwicklung bis hin zu Produktionssteuerung und Vertrieb."

„Die Geburt meines Sohnes gab mir eine neue, faszinierende Aufgabenstellung und die drei Jahre Elternzeit waren für mich eine wertvolle und wichtige menschliche Bereicherung. Anschließend stieg ich auf 20-Wochenstundenbasis als Projektmitarbeiterin und Fertigungssteuerer (ein ‚Fertigungssteuerer' ist verantwortlich für die Planung der Maschinenbelegung und die Planung der personellen Kapazität im Fertigungsbereich) in einem größeren Fertigungsbetrieb für Automobildichtungen ein. Die durch die Wirtschaftskrise ausgelöste Entlassungswelle traf neben der halben Belegschaft auch mich."

Auf der Basis ihrer vielseitig gesammelten Erfahrungen hat sich Bettina Jangowski Ende 2009 selbstständig gemacht, was ihr zunächst nicht leicht fiel, „denn die Sicherheit des gewohnten monatlichen Festbetrags auf dem Gehaltskonto gegen ein Einkommen zu tauschen, das vom selbst erzielten, schwankenden Umsatz abhängt, muss wohl überlegt sein. Inzwischen könnte ich mir aber nur noch schwer vorstellen, wieder in ein festes Beschäftigungsverhältnis zurückzukehren. Es ist zwar nicht leicht, an Aufträge zu kommen, und als Selbstständige darf man sich nie selbstzufrieden zurücklehnen, sondern muss jeden Tag aufs Neue um Kunden kämpfen. Aber Erfolg und Misserfolg hängen jetzt im Wesentlichen von meinem eigenen Fleiß und Können und nicht von irgendeinem mehr oder weniger qualifizierten Vorgesetzten ab, auf den ich wenig Einfluss habe. Außerdem kann ich mir meinen Tagesablauf nach eigenem Ermessen einteilen und bin an kein fest vorgegebenes Zeitfenster gebunden. Dafür ist der Übergang von privat und geschäftlich oft fließend, auch am Wochenende, und so richtig Urlaub mit total abschalten gibt es auch nicht mehr. Aber das ist mir die Sache wert."

*Das Geschäftsfeld:* „Als ‚Jangowski Service network Bettina Jangowski' biete ich die Ablauf- und Prozessanalyse betriebsinterner Vorgänge an. Damit verbunden ist die Anpassung und Optimierung veralteter Prozesse an die aktuellen betrieblichen Begebenheiten. Mein beruflicher Erfahrungsschatz bildet dabei eine wichtige Grundlage."

„Als externe Beobachterin habe ich den Vorteil, einen anderen Blickwinkel auf die internen Zusammenhänge zu haben als die firmeneigenen Mitarbeiter. Viele vorhandene

Abläufe hatten zum Zeitpunkt ihrer Einführung ihre absolute Berechtigung. Aber jedes Unternehmen lebt und entwickelt sich ständig weiter. Aus der Gewohnheit heraus (,… das haben wir immer schon so gemacht …') werden bereits vorhandene Abläufe oft nicht mehr hinterfragt und dem aktuellen Bedarf angepasst. Das Ergebnis sind unnötige Sonderlocken und damit Reibungsverluste, die zu mangelnder Effektivität und dadurch zu vermeidbaren Zusatzkosten führen. Hier kann ich Abhilfe schaffen."

Da die Geschäftsidee von Frau Jangowski weder einen Maschinenpark noch passendes Personal und großartige Geschäftsräume erfordert, und auch um das Startrisiko zu minimieren, hat sie sich dazu entschieden, als Einzelunternehmerin zu starten. „So muss ich nur mir selber gegenüber Rechenschaft ablegen, habe eine einfache Buchhaltung und meine fixen Kosten sind verhältnismäßig gering."

Sie ist „Einzelkämpferin", baut aber „auf ein Netzwerk von Kooperationspartnern, die ich bei Bedarf und auf Wunsch des Auftraggebers in die Projekte einbeziehen kann".

Nach Tipps und Empfehlungen gefragt, die Frau Jangowski selbst beherzigt und mit denen sie andere Frauen ermutigen will, meint sie: „Eine sehr lästige, aber extrem wichtige Erfahrung für mich als Existenzgründerin war der verwaltungstechnische Hürdenlauf, den es zu Beginn zu bewältigen gilt. Man wird dadurch gezwungen, sich ernsthaft darüber Gedanken zu machen

■ was genau man der Zielgruppe anbieten will,

■ für wen dieses Angebot interessant ist,

- welchen Preis man mindestens verlangen muss, um überleben zu können (Kalkulation),
- welchen Preis der Markt hergibt (sprich, was der potenzielle Kunde bereit ist, für meine Leistung zu bezahlen),
- welche finanziellen Voraussetzungen (Liquiditätsplan) vorliegen müssen, um die Geschäftsidee verwirklichen zu können,
- welche sonstigen Voraussetzungen (Ausbildung, Lizenzen, Genehmigungen, Räumlichkeiten, Maschinen und sonstige Infrastruktur, etc.) gegeben sein müssen.

Bevor man an die Öffentlichkeit geht, muss man sich außerdem darüber im Klaren sein, wie man nach außen hin wahrgenommen werden will und was man tun muss, um auch so ‚rüberzukommen‘ (Namensgebung, Gestaltung von Visitenkarten, Prospekte, Internetauftritt etc., aber auch persönliches Outfit und Auftreten). Denn der erste Eindruck bei einem potenziellen Kunden entscheidet oft über Erfolg oder Misserfolg einer Akquise.

Mir hat es geholfen, mich mit Freunden und Bekannten darüber zu unterhalten und deren Meinung zu erfragen oder aber auch Fachleute (kostenpflichtig!) zu Rate zu ziehen. Wichtig ist, dass man den eigenen, ganz persönlichen Weg nicht aus den Augen verliert.

Schließlich muss man dann Gott und die Welt davon in Kenntnis setzen, was man zu bieten hat. Je größer der Verteiler ist, umso besser sind die Chancen, einen potenziellen Kunden dabei zu haben.

Sehr hilfreich ist es in diesem Zusammenhang auch, sich einem Netzwerk anzuschließen oder selbst eines aufzubauen. Dadurch kann man wichtige Kontakte knüpfen und untereinander von den jeweilig persönlichen Erfahrungen des anderen profitieren. Auf diese Weise habe ich einen Coach gefunden, der mir in der Einstiegsphase viele wertvolle Tipps geben konnte.

Was man als Existenzgründerin auf jeden Fall in Anspruch nehmen sollte, ist die Unterstützung eines Steuerberaters, soweit man nicht selber aus dieser Branche kommt. Als Laie ist es fast unmöglich, das Gewirr der fiskalischen Vorschriften zu durchschauen, und Unwissenheit schützt hier leider nicht vor Strafe."

Website: www.jangowski-service.de

### Kindermund Verlag von Christine Kern

Christine Kern (44) hat viele Jahre als Grafik-Designerin zumeist in Verlagen gearbeitet, u. a. bei *Öko-Test*, beim *FAZ-Magazin* oder bei *Blooms*, einem Lifestyle-Floristikmagazin. Schon immer wollte sie einen eigenen Verlag gründen und hat daher vor zehn Jahren, parallel zu dem Grafikjob, mit dem Illustrieren und Büchermachen begonnen. Diesen Traum hat sie sich mit Unterstützung ihrer Mutter Heike, einer sehr erfahrenen Erzieherin und somit Fachfrau, erfüllt. Nach intensiver Vorbereitung ist sie seit Februar 2010 mit ihrem Eigenverlag in Vollzeit selbstständig.

Der „Kindermund Verlag" stellt Bücher mit Sprüchen und Anekdoten von Kindergartenkindern her. Die illustrierten Ausgaben haben alle einen regionalen Bezug, zum Beispiel enthalten sie Beiträge aus Städten wie Neumarkt oder Cuxhaven bzw. vom Kaiserstuhl. Christine und Heike Kern bekommen die Sprüche aus den örtlichen Kindergärten bzw. von den Familien der Kinder. Beziehen kann man die Bücher ebenfalls über die Kindergärten, aber auch über den Onlineshop des Verlags oder den lokalen Einzelhandel, das Modell kommt also ohne Buchhandel aus.

Werbung macht sie über die regionale Presse sowie die jeweiligen Touristeninformationen. Für den Sommer sind im Kaiserstuhl zwei Ausstellungen geplant, denn die Illustrationen aus dem Kaiserstuhl-Buch stammen von namhaften Künstlerinnen, die sie gemeinsam mit Kindern gemalt haben. Das Neumarkter Buch, das anlässlich des 850-jährigen Stadtjubiläums herauskommt, haben die Kleinen selbst illustriert und darin ihre Heimat gemalt. Hier plant sie einen Event unter dem Titel: „Der Beitrag der Kleinsten zur 850-Jahrfeier".

In der Vorbereitung hat Christine Kern ein 14-tägiges Existenzgründerseminar besucht, in dem ein differenzierter Businessplan entstanden ist, denn nur damit erhält sie in der Gründungsphase Unterstützung von der Arbeitsagentur. Auf die Frage, was ihr wichtig ist, antwortet Frau Kern: „Ich möchte eine Unternehmenskultur leben, in der das Arbeiten auf allen Ebenen effektiv ist. Also auf der betriebswirtschaftlichen genauso wie auf der emotionalen Ebene. Kurz gesagt: Ohne Spaß geht es nicht. Wie soll ich mit meinen Produkten Freude machen, wenn ich beim Herstellen keine habe?"

Website: www.kindermund-verlag.de

### Selbstständig in Teilzeit –
### Wein- und Spezialitätenhandel von zu Hause aus

Maya Sallinger hat mit ihrer Partnerin zusammen im Jahr 2002 die Firma „Weine und Spezielles Christine Polter und Maya Sallinger GbR" gegründet.

Sie betreiben einen Handel mit europäischen und internationalen Weinen und italienischen Spezialitäten. Der Einkauf und Vertrieb der Ware wird von Maya Sallinger von zu Hause aus organisiert. Christine Polter ist im Hauptberuf Central Services & Assistant Managing Director, in der Weinfirma ist sie für Buchhaltung und Vertrieb zuständig.

Maya Sallinger lebt mit ihrem Partner zusammen und hat zwei Kinder im Schulalter, ihr Sohn leistet gerade seinen Zivildienst ab. Für ihre Firma arbeitet sie vormittags und je nach zusätzlichem Arbeitsanfall auch abends. Diese Form der Teilzeitselbstständigkeit ermöglicht es ihr zum einen, auf einem interessanten Geschäftsfeld selbstständig zu arbeiten, neben den Kindern und dem Haushalt etwas „Eigenes" zu haben, und zum anderen, Geld zu verdienen. So hat sie auch genug Raum, ihren sozialen Verpflichtungen nachzukommen.

Die Hauptschwierigkeit war, dass die Bank sich unflexibel zeigte: Die Genehmigung für den Dispokredit war sehr zeitintensiv und umständlich. Heute würde sie rechtzeitig mehr Informationen über verschiedene Banken und Fördermittel einholen.

Die Zukunftsaussichten für ihre Firma schätzt Maya Sallinger nach wie vor positiv ein, immerhin besteht die Firma nun seit acht Jahren. Durch intensive und vor allem stetige Akquise rechnet sie mit einer Umsatz- bzw. Gewinnerhöhung. Wie geplant wurde die Produktpalette um Geschenkartikel und Weinzubehör erweitert.

Einen Tipp, den beide von Anfang an beherzigt haben: sich Zeit nehmen, keine Ad-hoc-Entscheidungen treffen, langsam und stetig wachsen, sich ausreichend mit dem Thema auseinandersetzen. Was man auf keinen Fall tun sollte: sich zu viel vornehmen, dann leidet das Kerngeschäft und man verliert den Sinn fürs Wesentliche. Ein weiterer Tipp: sich ständig informieren, auf dem Laufenden bleiben – was läuft auf dem Markt, wie ändert sich der Kundengeschmack, gibt es neue Bedürfnisse bzw. neue Trends? –, nur dann ist der Erfolg auch in Zukunft gesichert.

Website: www.weineundspezielles.de

## eMaginary – frisch gegründet

Rosalie Eberhardt, 35, ist ledig und erzieht ihren achtjährigen Sohn alleine. Sie hat eine interne Ausbildung zur Werbegrafikerin, ein Vordiplom in Mathematik/Informatik und das IT-Zertifikat Microsoft Certified Solution Developer (MCSD). Sie hat ganz frisch zum 1.2.2010 gegründet.

Als selbstständige Grafikerin betreibt sie die Bildbearbeitungswebseite „eMaginary". Hier können Kunden digitale Fotokunst von sich selbst als Fee, Sirene, Kentaur oder Pan bestellen. Die erste Produktpalette erstreckt sich über Sagengestalten und erweitert sich auch auf Menschen als Cyborgs, Menschen als Statuen, personalisierte Animationen und Games.

„Ich habe vor 20 Jahren Werbegrafik gelernt, damals haben wir noch Reinzeichnungen per Hand gemacht, der Computer als Werkzeug hat sich erst kurz darauf in der Branche durchgesetzt. Im Anschluss daran habe ich jahrelang als selbstständige Künstlerin gearbeitet. Das war inhaltlich sehr befriedigend, doch über Wasser gehalten haben mich nur diverse Nebenjobs."

„Vor acht Jahren wurde mein Sohn geboren, und mit Millionen Fotos von meinem Sohn als Inspirationsquelle begann mein Interesse an der digitalen Bildbearbeitung. Eine befreundete Grafikerin hat mich in die digitale Bildbearbeitung mit Photoshop eingeführt."

„Nach einer Elternzeit von 1,5 Jahren wollte ich als Alleinerziehende das berufliche Boheme-Leben hinter mir lassen und eine beruflich stabile Zukunft aufbauen. Ich habe Mathematik mit Informatik im Nebenfach studiert. In dieser Zeit habe ich gelernt, Webseiten, Datenbankanbindungen und Datenbanken zu programmieren. Das war das Handwerk, um meine Webseite selbst umzusetzen. Außerdem hatte ich auf der Uni ein Seminar zur Existenzgründung belegt, in diesem Seminar war der Businessplan zu

‚eMaginary' entstanden. Doch es fehlte mir die finanzielle Basis, um mein Unternehmen zu starten. So habe ich eine 30-Stunden-Stelle als Software-Entwicklerin in einer Unternehmensberatung angenommen. Nach gut 1,5 Jahren bei der Unternehmensberatung habe ich einen Auflösungsvertrag unterschrieben, was mich im ersten Moment in existenzielle Sorgen gestürzt hat, doch nach dem ersten Schock war ich froh darüber, dass es sich so entwickelt hat – mit meinen beschränkten Möglichkeiten, mich über das normale Maß hinaus einzubringen, also Überstunden bis tief in die Nacht, Wochenenden durcharbeiten, zum Kunden reisen usw., war der Job in der Männerdomäne sehr anstrengend für mich gewesen und der Auflösungsvertrag eine Befreiung aus einer frustrierenden Situation."

„Nach einem Coaching habe ich mich dazu entschieden, mich mit meiner Bildbearbeitungswebseite eMaginary selbstständig zu machen, die Idee dazu hatte ich seit vier Jahren in mir getragen. Mit meinem Anspruch auf Arbeitslosengeld hatte ich nun auch Anspruch auf den Gründungszuschuss, meiner finanziellen Basis für den Start."

Frau Eberhardt ist Einzelunternehmerin und arbeitet von zu Hause aus. Sie hat kein Gewerbe angemeldet, ist also Freiberuflerin, sie weiß aber: „Als Grafikerin befinde ich mich in einer Grauzone."

„Derzeit arbeite ich alleine, sobald ich jedoch genug Aufträge habe, werde ich Aushilfen beschäftigen, die die aktuellen Aufträge übernehmen, während ich weitere Produkte entwickle. Mein Dreijahresplan sieht vor, dass eMaginary ein

Büro bezieht und feste Teilzeitkräfte beschäftigt, gerne auch Mütter mit flexiblen Arbeitszeiten. Da ich selbst erlebt habe, wie schwer es als berufstätige Mutter ist, alle Termine unter einen Hut zu bekommen, möchte ich anderen Müttern in machbaren Grenzen gerne entgegenkommen."

„Expandiert eMaginary in Richtung Animation (2D, 3D) und Games, ist es auch denkbar, dass ich den Auftrag, eine Animation nach meinen Vorgaben, an eine ‚Freie' vergebe. Die Storyboards kommen immer von mir, ich möchte, dass der ‚gusto al eMaginary' sich unverwechselbar durch alle eMaginary-Produkte zieht."

Nach Tipps und möglichen Fehlern gefragt, meint Rosalie Eberhardt:

- „Noch ist es zu früh für mich, Empfehlungen zu geben, da sich erst noch zeigen muss, ob eMaginary sich trägt. Doch selbst wenn sich eMaginary als Fehlschlag erweisen sollte, dann habe ich es wenigstens probiert und kann das auf meiner To-do-Liste, was ich in diesem Leben so machen will, abhaken."

- „Ich habe den Fehler gemacht, dass ich mich so sehr auf die Aspekte der Existenzgründung und die Programmierung der Webseite konzentriert habe, dass ich die Qualität der Bildcollagen, meinem Produkt, vernachlässigt hatte. Zum Glück haben Freunde konstruktive Kritik geübt, die ich annehmen konnte, und so habe ich die Fehler gleich am Start ausgebügelt."

- „Ich musste lernen, Kritik als Möglichkeit anzunehmen, meine Produkte zu verbessern."
- „Was ich auch lernen musste: Wenn Freunde, Familie und Bekannte von dem Risiko der Selbstständigkeit abraten und mahnen, ‚man müsse sich durch das harte Arbeitsleben als Angestellter durchbeißen, das sei bei anspruchsvollen Tätigkeiten so‘, dann ist das ihre Geschichte und nicht meine. Es sind ihre Ängste, nicht meine. Ich muss selbst entscheiden, was ich bereit bin zu opfern. Beide Wege haben ihre Pros und ihre Contras, jeder muss entscheiden, mit welchem er besser leben kann."

Website: www.eMaginary.de

### Büroservice Ahrtal

Nicole Morawietz ist 35 Jahre, ledig und hat keine Kinder.

„Mein Start ins Berufsleben lief nicht ganz glatt. Den Schulabschluss hatte ich nur mühevoll geschafft, ich habe mich dann zu einer Ausbildung als Kauffrau für Bürokommunikation bei einer Kammer entschieden. Zu diesem Zeitpunkt war der Ausbildungsberuf einer Kauffrau für Bürokommunikation gerade offiziell eingeführt worden. Parallel zu den ersten Berufsjahren habe ich mich zur Staatlich geprüften Betriebswirtin für Bürokommunikation (Abendschule) weitergebildet und zusätzlich die Ausbildung zum Ausbilder (IHK) in einem 3-wöchigen Urlaub absolviert."

Auf die Frage, in welchem Bereich sie gegründet hat, antwortet Frau Morawietz:

„Zunächst wollte ich mich tatsächlich mit einem Nagel-
studio selbstständig machen. Denn die florieren ja an jeder
Ecke und sind immer gut besucht. Nach reiflicher Überlegung kam ich aber zu dem Entschluss, dass ich auf meinen soliden Ausbildungsberuf aufbauen wollte. Durch die
verschiedenen Arbeitsbereiche, die ich in meiner mehrjäh-
rigen Berufslaufbahn durchlief, konnte ich Kenntnisse in
den Bereichen EDV, Personal und Kundenbetreuung erwerben und in jedem Unternehmen lernte ich neue Prozesse
und neue Systeme kennen. Dies war für meinen Start in die
Selbstständigkeit als Bürodienstleister mehr als hilfreich.
Ich habe mich fast ein Jahr darauf vorbereitet. Defizite ver-
suchte ich mit Fachliteratur, Seminaren und Beratungsgesprächen auszugleichen.“

Als Rechtsform hat sie die Einzelunternehmung gewählt.
„Meine Alternative wäre noch die so genannte Mini-GmbH,
auch bekannt als 1-Euro-GmbH, gewesen. Diese wird ja
sozusagen als deutsches Pendant zur Ltd. gesehen. Ich habe
mich auch sehr ausführlich über diese Unternehmensform
informiert und bei potenziellen Kunden recherchiert. Ich
habe die Erfahrung gemacht, dass bei der Mini-GmbH die
rechtlichen Gegebenheiten und die Bezeichnung UG (haftungsbeschränkt) einen potenziellen Kunden nicht mehr
überzeugt als die Einzelunternehmung.“

„Derzeit bin ich Einzelkämpferin. Sollte ich erfolgreich
sein, werde ich aufstocken. Ich habe mich am 1.1.2010 im
Alter von 35 Jahren selbstständig gemacht. Derzeit ist die
wirtschaftliche Lage ja nicht sehr rosig, da erfordert eine

Firmengründung schon Mut, ich habe eine gewisse Neugier und Spontaneität, um ein eventuelles Risiko auszublenden. Noch bin ich fit, obwohl ich gerade in der Anfangsphase oft bis tief in die Nacht vor dem PC sitze, um zu arbeiten."

Wie finden die Kunden und Frau Morawietz zueinander?

„Meine Kunden finde ich über mein Netzwerk oder über Stellenauschreibungen. Kaltakquise war bisher nicht erfolgreich. Viele finden mich auch über das Internet (Eintrag in verschiedenen Firmendatenbanken)."

„Meine bisherigen Kunden schätzen meine Professionalität und Zuverlässigkeit. Neukunden sind zu mir gekommen, weil ich (im Gegensatz zu meinen Mitbewerbern) aktiv werbe, z. B. auf Veranstaltungen. Durch diese aktive Werbung habe ich sogar Anfragen von Existenzgründerinnen erhalten, die auch einen Büroservice gründen möchten und mich um Tipps und Hilfe gebeten haben. Daraus hat sich für mich ein zusätzliches neues Tätigkeitsfeld ergeben. Ab April werde ich auch Seminare anbieten für Existenzgründer, die sich mit einem Büroservice selbstständig machen möchten."

Ihre Tipps und Empfehlungen:

- „Gründlich vorbereiten und nichts überstürzen. Vor allen Dingen den Businessplan mit seinem Zahlenteil sollte man absolut realistisch berechnen. Der Aufbau (oder auch das Vorhandensein) eines Netzwerkes (z. B. bei XING) ist auf keinen Fall zu unterschätzen und sehr hilfreich.
- Ein finanzielles Polster nicht vergessen …"

Website: www.bueroservice-ahrtal.de

### „hundskerle" – ein Onlineshop für robustes, elegantes und gesundes Hundezubehör als Nebenerwerb

Frauke Artz ist studierte Germanistin und Pädagogin. Sie wechselte nach dem Studium und ihrer Referendariatszeit schnell in die freie Wirtschaft und sammelte seit 1987 erste Erfahrungen in Marketing und Kommunikation.

Seit ihrer Qualifikation als Marketingkauffrau, für die sie mit dem Meisterpreis der Bayerischen Staatsregierung ausgezeichnet wurde, übernahm sie leitende Positionen in namhaften internationalen Unternehmen der aufstrebenden Computerbranche. Im Jahr 2002 gründete sie ihre eigene Agentur, Artz-Consulting.

Mit dem Übergang in die Selbstständigkeit änderten sich auch die Lebensbedingungen: Die Betreuung der Kunden, Messeorganisation, Projektmanagement, Marketing- und PR-Planung ließen sich elegant aus dem Home-Office organisieren. „Nun konnten wir, mein Mann und ich, endlich die Zeit aufbringen, um die Verantwortung für einen Hund zu übernehmen", schildert Frauke Artz. Das Leben mit dem Weimaraner-Welpen brachte Artz dann auch zur Idee für die „hundskerle": „Wir haben es als sehr schwierig empfunden, dezentes und robustes Zubehör für unseren Hund zu finden. Der größte Teil des Angebotes wirkte billig oder war im ‚Glitzer-Look' … und das passt einfach nicht zu uns und vor allem nicht zu einer Jagdhundrasse."

Aus dieser Erkenntnis heraus gründete Frauke Artz zu Beginn des Jahres 2006 die „hundskerle". Sie berichtet: „Ein Shop für Hundezubehör ist ganz sicher keine neue Idee, aber wir haben durch unsere eigene Situation schnell verstanden, dass der Tier-Zubehörmarkt überwiegend aus China versorgt wird. Die Marktlücke war, dass es kaum gute Verarbeitungsqualität und dezentes oder witziges Design außerhalb des Asien-Looks gab."

Frauke Artz nutzte ihre lange Berufserfahrung in der internationalen IT-Branche, um diese Marktlücke zu füllen: „Wir haben begonnen, über das Internet und in unseren Netzwerken nach kleinen Manufakturen mit außergewöhnlichen und hochwertigen Produkten zu suchen. Und wir haben sie gefunden", erklärt die Unternehmensgründerin. Mit der Auswahl der Produkte und dem ungewöhnlichen Markennamen prägten sich die „hundskerle" schnell in den Köpfen der Hundebesitzer ein. „Ein großer Vorteil ist sicher, dass wir wissen, wie Marketing und Vertrieb funktionieren", erläutert Artz. „Allerdings haben wir uns zum Ziel gesetzt, den Aufbau der ‚hundskerle' aus dem Cashflow zu finanzieren, der sich damit also selbst trägt, daher konnten wir nicht mit großen Marketingbudgets einsteigen, sondern mussten mit ‚Guerilla-Marketing' das Beste aus der Situation machen."

Für Frauke Artz hat die Beschränkung allerdings auch ihren Reiz: „Wir haben uns ein Verkaufszelt organisiert, Tische, Bierbänke und Deko besorgt, Flyer gedruckt und haben unsere ersten Produkte an Wochenenden auf ausgewählten Hunde- und Garten-Events präsentiert." Entscheidend war, dass die Kunden einen ersten Eindruck von der Qualität der Ware bekommen konnten.

Für Kunden, die sich nicht vor Ort entschließen konnten, war dann der Onlineshop der „hundskerle" der Anlaufpunkt. Kunden, die auf einem der Events z. B. eines der „Kenia-Halsbänder" gesehen hatten, haben es dann über das Internet gekauft. Sie meint, „die Gespräche mit Kunden sind die beste Vorbereitung für ein gutes Marketing und neue Produktideen". „Heute", weiß Frauke Artz, „kommt etwa die Hälfte der Bestellungen über Empfehlungen und Nachkäufe. Wir sehen daran, dass wir mit der Entscheidung für Qualität und besondere Designs richtig lagen." Ihre Erfahrungen im Suchmaschinen-Marketing zeigen allerdings auch außergewöhnliche Ergebnisse: Artz verkauft mittlerweile an Kunden in ganz Europa und den USA.

Seit 2009 entwirft Artz eigene Produkte: „Auch wenn wir weltweit in Manufakturen einkaufen, bleibt immer das Gefühl, dass das noch nicht alles gewesen sein kann."

Wie hat sie die Gründungsphase empfunden?

„Ich war 47, als ich die ‚hundskerle' gegründet habe. Heute, mit 50, hat sich das Unternehmen stabilisiert und es zeichnet sich ein klarer Weg in die Zukunft ab. Mein Hauptunternehmen ist immer noch die ‚Artz-Consulting', die solide Einnahmen gewährleistet. Aber irgendwann wird der Tag kommen, an dem die ‚hundskerle' ein Vollzeitjob werden", erzählt Frauke Artz. Und weiter: „Eine Geldquelle zu brauchen, aus der man die täglichen Rechnungen begleicht, ist sicher die wichtigste Erkenntnis. Denn eine Idee braucht Zeit, um in den Köpfen der Kunden zu einer Marke zu reifen. In dieser Zeit sind die

Einnahmen einfach nicht ausreichend und auch zu schwankend, als dass man sich daraus eigenfinanzieren könnte."

Trotz ihrer langjährigen Berufserfahrung musste Frau Artz viel lernen, um bestehen zu können: Der Einkauf von Waren im Ausland, Zollformalitäten, Reklamationen/Umtausch von Waren, Produktion, Markenrecht, Garantiebestimmungen und vieles mehr. „Ein Unternehmen ist wie ein Lego-Baukasten: Es braucht feste betriebswirtschaftliche Fundamente und Ideen, die vor den Kunden Bestand haben. Und ich bin ständig damit beschäftigt, neue Bausteine zu beschaffen."

Durch ihr Alter fühlt sie sich nicht benachteiligt: „Außer, dass ich so viele Ideen habe und gar nicht weiß, wann und wie ich das alles noch realisieren kann."

Nach Empfehlungen und Tipps für andere Frauen gefragt, die sie auch selbst beherzigt, meint Frauke Artz: „Spüre nach der eigenen Begeisterung für deine Idee: Wenn du selbst begeistert bist, kannst du es auch verkaufen. Nutze das Know-how von Freunden und Kollegen und hab keine Scheu zu fragen. Nimm Hilfe an und bleib immer neugierig. Und: Sei vorsichtig, wem du von deinen Ideen erzählst … manche Ideen sind schneller kopiert, als du schauen kannst …"

Website: www.hundskerle.de

## Bürokram 2009 – mit 60 neu gegründet

Mechthild Gießelmann, 60, verheiratet, hat drei Kinder und zwei Stiefkinder, außerdem ist sie fünffache Oma.

Nach einer Ausbildung zur Arzthelferin und MTA leitete sie als Erstkraft eine große Gemeinschaftspraxis. „Da mir dies nicht genügte, bildete ich mich zur Sekretärin weiter und habe viele Jahre als Chefarztsekretärin gearbeitet. Nach der Geburt der Kinder suchte ich ein neues Aufgabengebiet und fand dies in einem Pharmaunternehmen, in dem ich als Geschäftsführersekretärin gearbeitet habe." Immer auf der Suche nach neuen Herausforderungen bildete sich Frau Gießelmann zur Office-Managerin (IHK) und Personalleiterin weiter. „Ich arbeitete die letzten sieben Jahre im Bereich der Personalleitung als Mitglied der Geschäftsleitung und Assistentin der Geschäftsführung."

Ihre Geschäftsidee hat sie im Bereich der Bürodienstleistungen angesiedelt, „d. h., ich werde sowohl in der Büroorganisation als auch im Bereich ‚Assistentin auf Zeit' in Verwaltungsbereichen und in allen Formen der Ablagesystematik geschäftlich und privat arbeiten. Außerdem biete ich das gesamte Bewerbungsmanagement an, das gerade bei Kleinbetrieben generell sehr zeitaufwendig ist, weil keine eigentliche Kernkompetenz dafür vorhanden ist. Bei meinem Unternehmen greife ich natürlich auf mein langjähriges Know-how zurück."

„Ich bin Einzelunternehmerin und da ich am Anfang meiner Selbstständigkeit stehe, die Gründung erfolgte im November 2009, steht zurzeit die Kundengewinnung im Vordergrund."

Mechthild Gießelmann hatte nicht vor, sich selbstständig zu machen. Sie musste jedoch wegen Mobbing die Firma verlassen: „Meine Entscheidung traf ich, weil ich nicht der Typ bin, der sich auf solche Art aus dem Berufsleben verabschiedet. Bis heute kann ich sagen, dass ich auf jeden Fall immer wieder so handeln würde, denn wenn große fachliche Kompetenz da ist, steigt auch die Sicherheit, sich damit in einem natürlich sehr umkämpften Markt behaupten zu können."

„Bei den Bankgesprächen ist es natürlich so, dass man eher 100.000 Euro als 10.000 Euro bekommt. Die wirtschaftliche Krise trägt natürlich auch ihren Anteil daran. Gesundheitliche Probleme habe ich überhaupt keine und Alter war mir noch nie wichtig."

Nach Tipps und Empfehlungen gefragt, die sie selbst beherzigt hat, antwortet Frau Gießelmann: „Was ich auf jeden Fall jeder Gründerin raten möchte: die zwei Tage Coaching vor Gründung und die fünf Tage nach Gründung in Anspruch zu nehmen. Ich glaube, es ist nie zu spät, mit seinen Fähigkeiten auch seinen Lebensunterhalt zu bestreiten."

„Zusammenfassend möchte ich sagen, es gibt keine Zufälle; die Beendigung meiner Tätigkeit war das Beste, was mir passieren konnte. Ich fühle mich frei und glücklich, und mein Vertrauen, dass so alles seine Richtigkeit hat, ist gewachsen."

## Von der Sexualpädagogin zur Schneiderin – mit 51

Martina Schneid ist 51 Jahre alt, zum zweiten Mal verheiratet und hat einen 27- jährigen Sohn aus erster Ehe. Sie ist von Beruf Heimerzieherin und Sexualpädagogin und hat 30 Jahre in der Jugendhilfe und als Bildungsreferentin gearbeitet.

„Am 1.12.2009 habe ich als Damen- und Herrenschneiderin meine Schneiderwerkstatt gegründet. Ich nähe Kinderkleidung nach Konfektionsgrößen, das darf ich seit der Änderung 2004 bei den Handwerksberufen. Wenn ich nach Maß schneidern würde, müsste ich Schneiderin oder sogar Schneidermeisterin sein. Schon als Jugendliche habe ich auf der Nähmaschine meiner Mutter nähen gelernt und habe immer viel für mich und meinen Sohn genäht."

„Ich bin Alleinunternehmerin und derzeit auch Einzelkämpferin, da ich ja noch in der Gründung bin, und auch weil ich das gerne so wollte. Angestellte kann ich mir noch keine leisten, kann mir das aber für die Zukunft sehr gut vorstellen."

Ich habe Martina Schneid gefragt, wie sie auf die Idee gekommen sei und was das Besondere an ihrem Angebot wäre:

„Im Fernsehen habe ich eine Sendung gesehen, die unter dem Thema ‚Nachhaltigkeit' stand. Unter anderem gab es einen Beitrag von zwei Frauen in Paris, die aus Altkleidern Kindermode nähen. Ich fand die Idee so gut, dass ich in meinen Keller ging, den Altkleidersack ausleerte, meine Nähmaschine aufstellte und loslegte. Das war ein wunderbarer kreativer Ausgleich zu der pädagogischen Kopfarbeit, die ich zu diesem Zeitpunkt noch machte. Dann war ich drei Wochen im Urlaub, und als ich wiederkam und an die Arbeit dachte, die zwei Tage später wieder losgehen sollte, wurde ich krank. Da hab ich gedacht, das kann ja nicht sein, und habe den Entschluss gefasst zu kündigen. Zu dem Zeitpunkt wusste ich noch nicht genau, was ich machen soll. Ich hatte mich eigentlich auf ein neues pädagogisches Arbeitsfeld eingestellt. Viele Freunde und Bekannte, die meine genähten Kindersachen sahen, rieten mir, mich damit selbstständig zu machen. Der Gedanke gefiel mir immer mehr, ich entschied mich dazu und legte los. Die treibende Kraft ist neben den politischen, sozialen und ethischen Aspekten auf jeden Fall die Kreativität."

„Mein Logo, das ich auch beim Marken- und Patentamt angemeldet habe, heißt: ‚stoffrecall'. Recall steht für ‚zurückrufen'. Das bedeutet: Die angebotene Baby- und Kindermode wird aus ehemaligen Kleidungsstücken Erwachsener gefertigt. Mit einem neuen Design und liebevollen Details wird die ehemalige Lieblingskleidung Erwachsener in wunderschöne Kinderkleidung verwandelt und jedes Stück ist ein Unikat. ‚stoffrecall' ist nachhaltige Mode. Die Ausgangsstoffe der ehemaligen Kleidungsstücke sind mindestens achtmal gewaschen und werden vor ihrer Verarbeitung ein weiteres Mal mit einem Bio-Waschmittel bei 40°C gewaschen. Die Ausrüststoffe sind zum größten Teil ausgewaschen. Es handelt sich um ein nahezu schadstofffreies Textil, dessen Hautverträglichkeit sehr hoch ist. Die so genannte saubere Kleidung ist ein wichtiger Aspekt bei Baby- und Kinderhaut. ‚stoffrecall' ist ein Recycling-Produkt, das keine Wünsche offenlässt. Produkte sind Kleider, Hosen, T-Shirts, Hemden, Blusen, Hüte, Taufkleider und Bettwäsche für Babys und Kleinkinder."

„Ein Vorteil meines Alters ist mit Sicherheit die Lebenserfahrung. Wenn man schon mal Krisen durchlebt und überstanden hat, ist man gestärkt und geht mit mehr Kraft den weiteren Weg. Seit ich 50 bin, nehme ich mich und meinen Körper ernster, d. h., ich frage mich bewusst, tut mir das jetzt gut oder nicht, stehe ich dahinter und kann ich das vertreten, was ich tue, oder nicht. Und das betrifft eben auch den Beruf."

Auf die Frage, warum Martina Schneid sich erst jetzt selbstständig gemacht hat, antwortet sie: „Vor zehn Jahren war ich existenziell auf das sichere Einkommen als Arbeitnehmerin im Angestelltenverhältnis angewiesen. Ich habe meinen Sohn finanziell unterstützt, mein Mann war in den ersten Jahren seiner Selbstständigkeit. Daher hätte ich nicht den Mut gehabt. Heute ist mein Mann in seiner Selbstständigkeit sicher und steht 100 Prozent hinter meiner Gründung. Und mein Sohn kann sich jetzt selbst finanzieren."

Zu den Nachteilen befragt, sagt sie: „Ich will eigentlich gar nicht von Nachteilen sprechen, weil der Begriff so negativ besetzt ist, also versuche ich das mal anders zu formulieren. Ich merke bei allem Fachlichen, dass ich genau hingucke, ob ich mich damit jetzt auseinandersetzen muss, ob ich mir Hilfe hole oder das sogar an Helfer abgebe. Bei bestimmten fachlichen Themen, z. B. einem Computerprogramm, merke ich, das ich länger zum Lernen brauche, das geht halt nicht mehr so wie mit 20.

In Gesprächen mit Banken, Versicherungen und Arbeitsamt werden Menschen ab 50 meistens respektlos behandelt. Und das hat nichts mit fehlender fachlicher Kompetenz seitens des 50-jährigen Menschen zu tun. Da müssen sich die Werte in unserer Gesellschaft verändern. Wenn ich mich so behandelt fühle, stehe ich auf und gehe zur nächsten Bank oder Versicherung. Ich bin nicht weniger belastbar bei Dingen, die ich gerne tue. Allerdings werde ich schneller ungeduldig und nervös."

Welche Tipps und Empfehlungen, die Frau Schneid selbst beherzigt und mit denen sie den anderen Frauen Mut machen will, gibt sie, oder welchen Fehler, der vermeidbar gewesen wäre, hat sie gemacht?

„Ich habe ‚Lehrgeld gezahlt', das ist ja so ein alter weiser Spruch. Den habe ich schon von meinen Großeltern gehört. Da ist was dran. Ich habe tatsächlich, keinen großen Betrag, umsonst investiert. Und eigentlich war es doch nicht umsonst, weil ich daraus gelernt habe, dass ich nichts überstürzen darf, lieber noch ein Angebot reinholen, lieber noch eine Meinung hören, lieber noch eine Nacht drüber schlafen. Das war mein Lehrgeld und es hat sich gelohnt."

„Ich habe in der Gründungsphase gelernt, um konkrete Hilfe zu bitten, ohne mich unfähig zu fühlen. Es gibt unglaublich viel zu tun, und wenn man das alles alleine macht, ist man schnell bei einer 60-Stunden-Woche. Und das über Monate kostet so viel Kraft, dass man, wenn dann alles fertig ist und es losgehen könnte, erst mal in Kur fahren müsste."

„Ich kann aus tiefster Überzeugung sagen: ‚Hab Vertrauen in dich selber und darin, dass schon gut für dich gesorgt wird.' Wenn man mit dem, was man tut, ganz bei sich ist, trifft das zu. Ich habe mal gehört: ‚Für eine Vision braucht man drei Dinge: Geist, Herz und Lust. Ich würde alles noch mal so machen und somit auch die ‚Fehler' durchstehen."

## Für die Selbstständigkeit nicht geeignet oder: Schlecht geplant – schlecht gelaufen

Für PF (die Betroffene möchte anonym bleiben) als gelernte Bankkauffrau und Sparkassenbetriebswirtin war ihre Gründung nicht einfach: „Ich wollte schon seit Jahren was anderes machen als immer nur Kreditgeschäft in Banken … wo für mich die Rahmenbedingungen nicht stimmten … Work-Life-Balance war für mich nicht erreichbar." PF kündigt bei ihrem Arbeitgeber, einer deutschen Großbank, ohne strategische Planung für das weitere Vorgehen.

„Mein ursprüngliches Ziel, mich im Bereich Yoga und Massage selbstständig zu machen, scheiterte an den nicht ‚nachweisbaren Qualifikationen', hier hätte es weiterer Ausbildungen in Massage und Yoga bedurft. Mir sind dann sehr schnell Zweifel gekommen, ob ich auch nach diesen Ausbildungen so schnell in der Branche Fuß fassen würde, dass mein Lebensunterhalt zügig dadurch gesichert ist … Also doch wieder zurück zu dem, wo ich umfangreiche Expertise und Erfahrung habe, dem Finanzwesen. Selbstständigkeit als Unternehmensberaterin für Rating und Basel II, Businesspläne und alles, was dazugehört, Existenzgründungsberatung, Vorbereitung von Bankgesprächen. Die Planungen habe ich während meiner Arbeitslosigkeit gemacht, habe angefangen, Kontakte zu knüpfen, mich damit beschäftigt, wie ich an Kunden komme usw. Aber so richtig Schwung steckte nicht dahinter, ich fühlte mich eher klein und ohnmächtig gegenüber der Konkurrenz, die alles schon seit Jahren macht, Referenzen hat usw."

Bald würde sie kein Arbeitslosengeld mehr beziehen, es gab keine neue Möglichkeiten am Horizont, PF begann wieder, Bewerbungen zu schreiben, außerhalb des Bankbereiches, erfolglos: „Langsam fing ich an, nur noch frustriert zu sein, mich überkamen echte Existenzsorgen, die ich vorher noch nie gekannt hatte." Sie landete im Strukturvertrieb im Bereich Vermögens- und Finanzberatung als selbstständige Handelsvertreterin und Maklerin. „Privatkundengeschäft, viel Versicherungsvermittlung, etwas, was ich nie wirklich machen wollte …" Für diese Selbstständigkeit brauchte sie nur geringe Investitionen wie ein Notebook, eine Beratungssoftware und Ähnliches, für die ersten sechs Monate gab es auch noch Überbrückungsgeld vom Arbeitsamt, das gut für die laufenden Kosten reichte. „Alles, was ich aus der Selbstständigkeit verdiente, war on top."

Problem: Kundenakquise. Besonders schwierig war für PF die (Kalt-)Akquise. Die Branche hat „ja einen sehr schlechten Ruf und viele schwarze Schafe (habe ich vorher nicht bedacht)". Sie musste ihren Kundenstamm komplett neu aufbauen, hatte keine gewachsenen Beziehungen, die auf gegenseitigem Vertrauen basierten. Adressen kauft sie übers Internet, oft jedoch wollen die Kunden keine Beratung, sondern nur einen Vergleich mit bereits vorliegenden Angeboten, das Ergebnis war mehr als mager.

„Könnte ich die Uhr zurückdrehen, hätte ich noch länger bei der Bank ausgeharrt, mir eine tragfähige Alternative zum Bankberuf überlegt (egal ob selbstständig oder angestellt) und diese dann sukzessive mit den notwendigen Fortbildungen umgesetzt. ‚Nebenbei' hätte ich mir auch noch eine höhere Abfindung als Startkapital erarbeitet, was auch vieles leichter gemacht hätte."

So ging es also nicht weiter. PF nahm sich eine Auszeit, ging für dreieinhalb Monate nach Indien und machte dort eine Ausbildung zur Yogalehrerin mit der Idee, nach ihrer Rückkehr Yoga-Unterricht zu ihrem Beruf zu machen. „Da ich aber bereits aus meinen Fehlern gelernt hatte, war mir wichtig, nebenbei noch eine Teilzeitstelle zu haben, die mir meinen Lebensunterhalt zum größten Teil sichert." Sie hat nun eine selbstständige (Teilzeit-)Tätigkeit im Bereich Finanzberatung, mit fixem Gehaltsanteil, abschlussabhängiger Vergütung, ohne Kundenakquisition und mit eingeschränkter Kundenberatungsfunktion. „Yoga ist schlechter als erwartet angelaufen, sodass ich heute mein Geld nur mit dieser Teilzeittätigkeit verdiene … Ich möchte in ein festes Anstellungsverhältnis zurück, bin es leid, immer auf Kundenakquise zu gehen, meine Beratungsleistungen an den Mann bzw. die Frau zu bringen und dann teilweise mein Honorar nicht zu erhalten."

Wie es weitergehen soll, weiß sie nicht. Sie schreibt Bewerbungen, hat auch Kontakt zu einem Karriereberater, aber wieder in einer Bank … Nein, auf keinen Fall!

Allen Gründerinnen rät sie, die eigene Persönlichkeit auf „Existenzgründungstauglichkeit" zu prüfen. Dazu gehört es auch, sich die folgenden Fragen zu stellen:

- Bin ich so von meiner Geschäftsidee überzeugt, dass ich dafür durch dick und dünn gehe, all meine Energie in den Erfolg dieser Sache stecken möchte?
- Habe ich die Kraft und das Selbstvertrauen, die anfänglichen Durststrecken und möglichen Misserfolge wegzustecken?
- Habe ich die persönliche Unterstützung durch Partner, Familie oder Freunde?
- Wie lange brauche ich, um meine Idee ins Verdienen zu bringen? Hier lieber noch ein wenig länger kalkulieren, besser zu lang als zu kurz!
- Habe ich ein ausreichendes Finanzpolster? Wie lange reichen diese Reserven?
- Und last but not least: Die Existenzgründung sollte gründlich vorbereitet werden, am besten mit einem Profi, der nicht nur den Businessplan für das Arbeitsamt abzeichnet, sondern auch das ganze Drumherum auf Herz und Nieren prüft.

# Vielen Dank!

Herzlich bedanken möchte ich mich bei allen, die sich für meine vielen Fragen Zeit genommen haben: bei den Existenzgründerinnen und Unternehmerinnen, die geduldig meine Fragen beantwortet haben, bei meinen Kollegen von mediafon – von dieser Website durfte ich wieder sehr großzügig einige Informationen übernehmen –, bei den Beraterinnen und Beratern der verschiedenen Gründungsbüros ebenso wie bei den Frauen aus meinem persönlichen Netzwerk und bei meinen Kolleginnen und Kollegen für ihre Unterstützung.

Ein Ziel dieses Buches ist es ja, erprobte und bewährte Tipps für die Praxis zu geben, Lösungen für die verschiedenen Probleme aufzuzeigen und sichtbar zu machen, dass die eigenen Probleme auch die vieler anderer Frauen sind. Hierbei waren ihre Erfahrungen und Ratschläge sehr wertvoll.

Am Ende dieses Buches möchte ich Ihnen ganz persönlich viel Glück und viel Erfolg auf dem langen und oft mühseligen Weg in die berufliche Selbstständigkeit wünschen. Warum auch immer Sie sich dafür entschieden haben – verlieren Sie Ihr Ziel nicht aus den Augen und geben Sie nicht auf, bleiben Sie mutig! Erlauben Sie sich kleine Umwege, vieles dauert länger und läuft anders als vorher geplant, vor allem wenn Sie Kinder haben. Versuchen Sie es mit Gelassenheit und Humor. Freiheit und die Verwirklichung eigener Werte sind es wert, so hart dafür zu arbeiten.

„*Sei realistisch, erwarte ein Wunder.*"

(Insoo Kim Berg)

# Anhang

## Berufs- und Fachverbände

Allianz deutscher Designer e.V.
   www.agd.de
Ärztinnenbund – bundesweit – über 30 Regionalgruppen
   www.aerztinnenbund.de
ATICOM Fachverband
   der Berufsübersetzer und Berufsdolmetscher
   www.aticom.de
Bundesverband Deutscher Unternehmensberater (BDU)
   www.bdu.de
Bundesverband der Dolmetscher und Übersetzer (BDÜ)
   www.bdue.de
Bundesverband Deutscher Volks- und Betriebswirte e.V.
   (bdvb), Fachgruppe „Frauen in der Wirtschaft"
   www.bdvb.de
Bundesverband der Frau im freien Beruf und Management
   www.bfbm.de
Bundesverband der Freien Berufe (BFB)
   www.freie-berufe.de
Bundesverband der Wirtschaftsberater BVW e.V. – Bundesverband der Wirtschaftsberatenden Berufe – Berufs- und Stan-
   desorganisation  der Beratenden Volks- und Betriebswirte
   www.bvw-ev.de

Bundesverband Junger Unternehmer der Arbeitsgemein-
schaft Selbständiger Unternehmer (ASU)
www.bju.de

Designerinnen Forum e.V. – bundesweit
www.designerinnen-forum.org

Deutscher Akademikerinnenbund e.V. – bundesweit –
Regionalgruppen
www.dab-ev.org

Deutscher Fachverband für Technische Kommunikation
und Informationsentwicklung
www.tekom.de

deutscher ingenieurinnenbund (dib) – bundesweit –
Regionalgruppen
www.dibev.de

Deutscher Juristinnenbund (djb) – bundesweit –
Regionalgruppen
www.djb.de

ifk Interessenverein Freie Kulturberufe e.V. – Göppingen
www.freie-kulturberufe.de
Der Verein wurde im Februar 2009 aufgelöst, die Website dient nur noch der Dokumentation.

Journalistinnenbund e.V. – bundesweit – Regionalgruppen
www.journalistinnen.de und
www.journalistinnenbund.de

Lachesis e.V. Berufsverband für Heilpraktikerinnen
www.lachesis.de

Verband der Freien Lektorinnen und Lektoren (VFLL)
www.vfll.de

Verband deutscher Unternehmerinnen e.V. (VdU) –
bundesweit – Regionalgruppen
www.vdu.de
Verband der Übersetzungsbüros (VÜ) e.V.
www.vdue.de
Vereinigung Beratender Betriebs- und Volkswirte (VBV) e.V.
www.vbv.de
Verband Beratender Ingenieure e.V. (VBI)
www.vbi.de
Verein deutscher Ingenieure e.V.
www.vdi.de

## Publikationen zur Existenzgründung

### Existenzgründung – allgemein

www.althilftjung.de

Experten und Führungskräfte, die aus dem aktiven Berufsleben ausgeschieden sind, stellen ihr Wissen und Erfahrungen aus vielen Bereichen der Wirtschaft und Verwaltung für Existenzgründungen und kleinere Unternehmen kostenfrei zur Verfügung.

www.akademie.de

ist eine speziell auf den Wissensbedarf von Selbstständigen, Unternehmern und Freiberuflern ausgerichtete Lernplattform. Es gibt einen kostenfreien öffentlichen Teil sowie den Bereich für Mitglieder. Für einen Beitrag von 45 Euro pro Quartal erhält man Zugriff auf einen großen Fundus an praxisorientierten Kursen und Artikeln –

etwa Anleitungen für den Businessplan, den Antrag auf den Gründungszuschuss, Tipps für die Kundenakquise und zu effektivem Networking oder zu Fragen rund um die Künstlersozialkasse. Außerdem veranstaltet akademie. de viele Online-Workshops mit direkter Betreuung durch (menschliche) Workshopleiter.

www.beraterboerse.de

Berater nach PLZ geordnet

www.business-wissen.de

kostenpflichtige Beraterdatenbank, Management-Handbuch

www.datev.de

www.deutschland-innovativ.de

ist derzeit nicht online

Eine sehr umfassende Website für Existenzgründer mit Anlaufstellen speziell für Gründerinnen; nach Bundesländern geordnet finden sich regionale Anlaufstellen mit Hinweisen auf Länder-Fördermittel, es gibt einen Marktplatz für gebrauchte Geräte und Maschinen.

www.dgfev.de

Deutsches Gründerinnen Forum e.V.

www.existenzgruender.de

Existenzgründungsportal des BMWi, Informationen und Tools für die Existenzgründung: Gründungsplaner, Fördermittel, Expertenforum, Businessplan, eTraining, Checklisten

www.foerderberater.de

finden Sie jetzt unter www.genostar.de

www.frauengewerbezentren.de

www.frauenmachenkarriere.de

Frauen machen Karriere – ein Portal des Bundesministeriums für Familie, Senioren, Frauen und Jugend (BMFSFJ). Dieses Portal bietet allen Frauen – gleich ob Gründerin, Mutter, Wiedereinsteigerin oder Chefin – Informationen zu Beruf und Karriere. Es gibt Informationen über die Vereinbarkeit von Familie und Beruf, über Rechtsfragen und über berufliche Netzwerke. In einer Mentoring-Börse finden Mentorinnen und Mentees aus den jeweiligen Regionen zueinander. Das Internetportal dient auch dem Erfahrungsaustausch zwischen berufstätigen Frauen in unterschiedlichen Positionen.

www.geldundleben.de/kopfarbeit für Freiberuflerinnen

www.genostar.de, Förderberatung

www.gewerbeanmeldungen.de

www.gruendenimteam.de bzw. www.g-i-t.de

www.gruenderblatt.de

www.gruenderinnen.de

www.gruenderinnenagentur.de

bundesweite Gründerinnenagentur (siehe auch www.bga.de)

www.gruenderleitfaden.de

vom Bundesministerium für Wirtschaft

www.gruenderratgeber.de

www.gruenderstadt.de

www.handwerk.de

Deutscher Handwerkskammertag (DHKT)

www.ifb-gruendung.de

Das Institut für Freie Berufe, Nürnberg, befasst sich mit Forschung, Statistik, Lehre und Vermittlung von Informationen über Wesen und Bedeutung der Freien Berufe in Gesellschaft, Wirtschaft und Staat sowie Gründungsberatung und Betreuung von Coaching-Maßnahmen für Freie Berufe. Die enge Verbindung von Forschung und Beratung zum Thema Freie Berufe ist in dieser Art einzigartig in Europa.

www.ihk.de Starthilfe und Unternehmensförderung

www.kfw-mittelstandsbank.de

Die KfW Mittelstandsbank ist ein Geschäftsbereich der KfW Bankengruppe. Sie fördert Existenzgründungen, Investitionen in Wachstum und Sicherung in Deutschland tätiger Unternehmen. Kleine und mittlere Unternehmen (KMU) erhalten besonders günstige Konditionen.

www.mediafon.net

Beratungsservice der Gewerkschaft ver.di für Solo-Selbstständige. Neben einem umfassenden Webangebot und einem Newsletter bietet mediafon individuelle Beratung durch berufliche Expertinnen und Experten. mediafon ist kein profitorientiertes Consulting-Unternehmen. Es ist ein von ver.di finanzierter Service, der auch Nicht-Mitgliedern der Gewerkschaft offensteht, um ihnen die Kompetenz der Organisation nutzbar zu machen und gute Bedingungen für alle Solo-Selbstständigen in ihren Berufsfeldern zu fördern. Die Beratungsgebühr beteiligt Nicht-Mitglieder an den für ihre Beratung entstehenden Kosten. Um die Abrechnung fair zu gestalten, wird sie nicht über eine Bezahl-Telefonnummer realisiert. mediafon berät zu allen unmittelbar beruflichen Fragen Selbstständiger. Beispielsweise zu Honorar-, Branchen-, Sozialversicherungs- und Vertragsfragen. Aufgrund der Vorschriften des Rechtsberatungsgesetzes erfolgt keine Steuer- oder Rechtsberatung für Nicht-Mitglieder der ver.di. (Quelle: Website)

www.nexxt-change.org

bundesweite Nachfolgebörse

www.newcome.de/existenzgruendung

Newcome, Baden-Württemberg

www.rkw.de

Rationalisierungs- und Innovationszentrum der deutschen Wirtschaft e.V.: Informationen, Beratung und Weiterbildung für mittelständische Unternehmen.

www.schoene-aussichten.de

Schöne Aussichten – bundesweiter Verband selbstständiger Frauen e.V., Schwerpunkte in Berlin, Mecklenburg, Ruhrgebiet und Rheinland sowie Südwestfalen.

www.ses-bonn.de

Senior Experten-Service (SES), Stiftung der Deutschen Wirtschaft für internationale Zusammenarbeit gGmbH

www.startothek.de/

Startothek/portal/htm/index_ueber.htm

Neues Internetportal gegen den Paragrafen-Dschungel. Die startothek wurde auf Initiative des Bundesministeriums für Wirtschaft und Technologie zusammen mit der KfW Mittelstandsbank entwickelt. Die Startphase finanzierten der Europäische Sozialfonds (ESF), das Bundeswirtschaftsministerium und die KfW. Jetzt tragen Lizenzgebühren die Finanzierung.

Das datenbankgestützte Beratungsprogramm bietet sowohl für angehende Gründer/innen als auch Gründungsberater/innen verlässliche, umfassende und jederzeit topaktuelle Rechtsinformationen für Gewerbe, Handwerk und freie Berufe in über 370 Wirtschaftszweigen.

Und wie funktioniert es? Man gibt ganz einfach zum Beispiel Standort, Wirtschaftszweig, Rechtsform und weitere Daten für das geplante Vorhaben ein. Das Ergebnis liefert eine Übersicht über alle Genehmigungen, die für den Einzelfall einzuholen sind. Die To-do-Liste lässt sich Punkt für Punkt abhaken. Es werden auch Ansprechpartner und weitere Informationen genannt, ebenso sind Musterbeispiele aufgeführt. (Quelle: Bundesregierung Mailinglistenservice abo.bundesregierung.de)

www.subventionsberater.de

nichtkommerzielle Informationen über EU-Förderprogramme und wirtschaftliche Zusammenhänge

www.weiberwirtschaft.de

www.woman.de

www.wjd.de Wirtschaftsjunioren in Deutschland

## Existenzgründung – regional und nach Bundesländern

www.mitteldeutsche-unternehmerinnen.de

Verband mitteldeutscher Unternehmerinnen

www.ostdeutsche-unternehmerinnen.de

Verband ostdeutscher Unternehmerinnen e.V.

www.rkw-nordwest.de

www.unternehmerinnen-forum-niederrhein.de

Niederrhein

www.schoene-aussichten.de

gibt es unter anderem im Ruhrgebiet, Berlin, Hamburg und Sachsen.

### Baden-Württemberg

www.gruenderinnenportal.de

www.ifex.de

Initiative für Existenzgründungen und Unternehmens-nachfolge, Baden-Württemberg

www.newcome.de/frauenportal

Baden-Württemberg.

Runder Tisch – Frauen in die Wirtschaft, Forum für Existenzgründerinnen und Unternehmerinnen – Landkreis Waldshut, Informationen unter: frau@aol.com

### Bayern

www.bayern-innovativ.de

Die Bayern Innovativ GmbH wurde 1995 von der Bayerischen Staatsregierung initiiert und gemeinsam von Politik,

Wirtschaft und Wissenschaft als Gesellschaft für Innovation und Wissenstransfer mit Sitz in Nürnberg gegründet.

www.effekt-online.de

EFFEKT! ist das Qualifizierungsprogramm des Gründer-Regio M e.V. für den beruflichen Wiedereinstieg nach der Elternzeit. Projektträger von EFFEKT! ist der Verein GründerRegio M, eine Initiative der Wissenschafts- und Wirtschaftsregion München zur Förderung von Unternehmensgründungen.

www.gruenderagentur-bayern.de

Portal der bayerischen Notare für Jungunternehmer

www.ifb-gruendung.de

Nürnberg

www.lfa.de

LfA Förderbank Bayern

www.startup-in-bayern.de

Gründungsportal des Bayerischen Staatsministeriums für Wirtschaft, Infrastruktur, Verkehr und Technologie

### Berlin

www.weiberwirtschaft.de

www.berlin.de/special/computer-und-handy/internet/startups/

www.gsub.de

gsub Gesellschaft für soziale Unternehmensberatung, Berlin

www.hafen-gruenderinnen.de

HAFEN Gründerinnenzentrum, Berlin

## Bremen

www.ebn-bremen.de
> Expertinnen-Beratungsnetz Bremen

## Hamburg

www.enigmah.de
> Enigmah Gründungszentrum

www.expertinnen-beratungsnetz.de
> das Expertinnen-Beratungsnetz der Universität Hamburg

## Hessen

www.frauenbetriebe.de
> Frauenbetriebe Qualifikation für die berufliche Selbstständigkeit e.V. Frankfurt.

www.set-hessen.de
> S.E.T. – S.ynergien aus E.rfahrung im T.ransfer – Hessen, Mentoringprogramm für Frauen

## Niedersachsen

www.frauenonlineniedersachsen.de

## Nordrhein-Westfalen

www.frauennrw.de

www.gfw-nrw.de
> GfW, Gesellschaft für Wirtschaftsförderung

www.ufu-ev.de
> UFU Unternehmerinnen für Unternehmerinnen e.V. – Großraum Düsseldorf

www.unternehmerinnenbrief.de

www.u-netz.de bzw. www.chefin-online.de/

    das virtuelle Unternehmerinnenforum – für Nordrhein-Westfalen

### Saarland

www.up-saar.de

    UP Unternehmerinnen Potenzial im Saarland e.V. – länderübergreifenden Saar-Lor-Lux-Raum

### Existenzgründung aus der Arbeitslosigkeit heraus

www.arbeitsagentur.de

www.arbeitsmarktreform.de

www.gruendungszuschuss.de

### Beratung

Betriebsberatungsstellen bei den jeweiligen Handwerkskammern sowie den entsprechenden Fachverbänden.

www.gruenderinnenagentur.de

    Die „bundesweite gründerinnenagentur" hat die Aufgabe, bundesweit Informationen und Serviceleistungen zur Existenzgründung von Frauen, basierend auf Erkenntnissen aus der Forschung und Erfahrungen aus der Praxis, zu bündeln und aufzubauen. Hauptziel ist es, ein gründerinnenfreundliches Klima zu schaffen und dazu beizutragen, den Anteil von Frauen an Unternehmensgründungen mittelfristig zu erhöhen (Aktionsprogramm der Bundesregierung „Innovation und Arbeitsplätze in der

Informationsgesellschaft des 21. Jahrhunderts") und damit das volkswirtschaftliche Potenzial der Frauen weiterzuentwickeln.

Durch die Bündelung und Konzentration bestehender Angebote sowie die Entwicklung innovativer Ideen, die die Besonderheiten von Frauengründungen berücksichtigen, soll daneben die Qualität der Gründungen verbessert und demzufolge das Erfolgspotenzial von Unternehmensgründungen durch Frauen erhöht werden. Die „bundesweite gründerinnenagentur" soll zu einer Plattform für Unternehmensgründerinnen für alle Branchen und alle Phasen ihrer Gründung werden. Mit der „bundesweiten gründerinnenagentur" (bga), die gemeinsam vom BMBF, BMFSFJ und BMWA gefördert wird, wurde ein Grundstein gelegt, den Anteil von Frauen an Unternehmensgründungen zu erhöhen. (Quelle: Website)

www.frauenmachenkarriere.de

Portal des Bundesministeriums für Familie, Senioren, Frauen und Jugend (BMFSFJ)

www.gruendenimteam.de

www.mediafon.net

(Siehe dazu die Anmerkungen unter „Existenzgründung – allgemein")

## Branchen

www.diemedia.de

CD-ROM von „die media", in der über 4.900 Einträge aus Beruf, Bildung, Wirtschaft, Politik, Hochschule, Kultur und Frauenbewegung aufgelistet sind, informativ, aber nicht ganz aktuell.

## Datenbanken

www.profi.genios.de

GENIOS Wirtschaftsdatenbank. Partner von rund 240 Verlagen und Informationsanbietern, mit mehr als 900 Datenbanken der größte Anbieter von Presse-, Fach- und Firmeninformationen im deutschsprachigem Raum.

## Fördermittel

www.gruendungszuschuss.de

Der Gründungszuschuss hat die Ich-AG und das Überbrückungsgeld abgelöst und ist nun das wichtigste Instrument der öffentlichen Gründungsförderung in Deutschland. Arbeitslose und (ehemalige) Angestellte können von der Förderung profitieren. Neben dem Gründungszuschuss hat sich das Einstiegsgeld als Fördervariante für Arbeitslosengeld-II-Empfänger etabliert. Informationen hierzu finden Sie ebenfalls auf der Website.

www.kfw.de

KfW-Mittelstandsbank: Förderangebot für gewerbliche Unternehmen

www.lfa.de

Landesanstalt für Aufbaufinanzierung Bayern (LfA), Finanzierungshilfen in allen Unternehmensphasen, öffentliche Fördermittel nur für Existenzgründung in Bayern.

www.rkw.de

> Rationalisierungs- und Innovationszentrum der Deutschen Wirtschaft e.V. Information, Beratung und Weiterbildung für mittelständische Unternehmen.

www.microlending-news.de

> Mikrofinanzierungen in Deutschland

www.mikrofinanz.de

> Mikrofinanz ist ein wichtiges Instrument der Entwicklungspolitik. Sie beruht jedoch nicht auf Spenden oder Hilfsgütern, sondern auf einem marktwirtschaftlichen Modell. Reiche und Arme stehen in gleichwertigen Geschäftsbeziehungen zueinander. Der Nutzen ist dabei doppelt: Mikrofinanz bietet Menschen Auswege aus der Armut und bringt Investoren solide Renditen.

www.mikrokreditfonds.de

> Eine Finanzierungsalternative für Kleinkreditnehmer/innen. Hier finden Sie auch das für Sie zuständige Mikrofinanzinstitut.

**Franchising**

dfv-franchise.de

> Deutscher Franchise-Verband e.V. (DFV).

www.infofranchise.de

> Informationen zu und Berichte über Franchise-Systeme.

**Freie Berufe**

www.ifb-gruendung.de

Gründungsberatung des Instituts für Freie Berufe (IFB), Nürnberg.

www.mediafon.net

Die mediafon GmbH ist kein rein profitorientiertes Consulting-Unternehmen, sondern eine Gesellschaft, die sich auf der Basis der fachkundigen kollegialen Beratung überwiegend durch Aufträge der ver.di finanziert. Der konkrete Auftrag lautet: Die rund 30000 Solo-Selbstständigen, die Mitglied der Gewerkschaft sind, bei allen beruflichen Fragen zur Seite zu stehen. Dieser Service wird auch Nicht-Mitgliedern der Gewerkschaft gegen eine geringe Beratungsgebühr zugänglich gemacht. mediafon berät zu Honoraren und Branchenentwicklungen, zur Sozialversicherung und Vertragsfragen.

**Literatur/technische Dokumentation**

www.techwriter.de

Portal für Übersetzungen, technische Dokumentation und Kommunikation.

www.texttreff.de

Texttreff, das Netzwerk für wortstarke Frauen.

www.uschtrin.de

„Die Uschtrin" – Handbuch für Autor/innen, Links zum Literatur- und Medienbetrieb.

**Messe**

www.auma.de

AUMA Ausstellungs- und Messe-Ausschuss der Deutschen Wirtschaft e.V., Berlin. U. a. werden hier Gründerseminare sowie Trainings für Aussteller angeboten.

www.messekalender.de

www.start-messe.de

Die START-Messen sind seit 1998 für Gründer und junge Unternehmer eine zentrale Anlaufstelle. Es gibt sie in Essen, Hannover und Nürnberg. Sie finden dort umfassende Informationen zu den Themen Gründung, Finanzierung, Unternehmensentwicklung, Weiterbildung, Training/Coaching oder auch Nachfolge, die Vorträge sind sehr vielfältig, aktuell und kostenfrei.

Die einzelnen Industrie- und Handelskammern sowie Fachhochschulen und Universitäten bieten jeweils allgemeine und auch frauenspezifische Gründertage und -messen an.

Ein Beispiel für München: www.entrepreneurship.info – The place for entrepreneurs! LMU Entrepreneurship Center, Ludwig-Maximilians-Universität München.

**Ministerien und Behörden**

www.bafa.de

    Bundesamt für Wirtschaft und Ausfuhrkontrolle, das Kompetenzzentrum für Außenwirtschaft, Wirtschaftsförderung und Energie.

www.bafin.de

    Bundesanstalt für Finanzdienstleistungsaufsicht.

www.bmas.bund.de

    Bundesministerium für Arbeit und Soziales (BMAS).

www.bmbf.de

    Bundesministerium für Bildung und Forschung (BMBF).

www.bmfsfj.de

    Bundesministerium für Familie, Senioren, Frauen und Jugend.

www.bmj.bund.de

    Bundesministerium der Justiz.

www.bmwi.de

    Bundesministerium für Wirtschaft und Technologie (BMWI) Berlin. Website: Hier können Sie kostenfreie Broschüren zum Thema Existenzgründung bestellen oder downloaden.

**Multimedia**

www.bvdw.org

    Bundesverband Digitale Wirtschaft (BVDW) e.V., Düsseldorf. Interessenvertretung für Unternehmen im Bereich interaktives Marketing, digitale Inhalte und interaktive Wertschöpfung.

### Patente und Markenanmeldung

www.deutsches-patentamt.de

Informationen über Patentanmeldung, Gebrauchs- und Geschmacksmuster, Marken und die entsprechenden Voraussetzungen sowie anfallende Kosten.

www.patentanwalt-suche.de

Für Tüftler und Erfinderinnen, die ihre Neuentwicklung vor Nachahmern schützen und Ideen patentieren lassen wollen. Mit spezifischen Suchbegriffen lässt sich der richtige Patentanwalt aufspüren.

### Projektmanagement

www.projektmagazin.de

Das *Projekt Magazin* ist ein Fachmagazin im Internet für erfolgreiches Projektmanagement. Es bietet fundiert aktuelle Fachartikel, Praxisberichte, Tipps und Vorlagen/ Checklisten sowie Software-Besprechungen.

### Recht

www.anwaltsuchservice.de

Hier sind etwa 7000 Anwälte in ganz Deutschland mit ihren Spezialgebieten registriert.

www.digi-info.de/recht

„Net & Law" gibt es seit 1997, hier finden Sie aktuelle Informationen zum Thema Recht im Internet, zahlreiche kommentierte Urteile zur Internet-Rechtsprechung sowie eine Sammlung praktischer Tipps zur Vermeidung gröberer

Fehler und ein Lexikon des Rechts als Verständnishilfe für das Juristendeutsch.

www.recht.de

Forum Deutsches Recht, Anwaltskanzleien stellen dort ihr Know-how kostenlos zur Verfügung.

### Sicherheit

www.sicherheitsforum-bw.de

Sicherheitsforum Baden-Württemberg.

### Spezielle Online-Angebote

www.akademie.de

Diese Website (siehe „Existenzgründung – allgemein") bietet umfassende Informationen zu den Themen Existenzgründung, Internet und IT in Unternehmen sowie Business und Softskills. Es gibt kostenfreie und kostenpflichtige Angebote.

### Technologie

www.fraunhoferventure.de

Eine Unternehmensgründung besteht aus vielen Schritten und muss gut vorbereitet werden. Das Team von Fraunhofer Venture sieht sich dabei als Begleiter und Ansprechpartner für alle Beteiligten.

www.kompetenzz.de

Kompetenzzentrum Frauen in Informationsgesellschaft und Technologie. Seit 1999 wird die Nutzung der Potenziale von Frauen zur Gestaltung der Informationsgesellschaft und der Technik sowie die Verwirklichung von Chancengleichheit und Diversity als Erfolgsprinzip erfolgreich gefördert.

## Verwaltung im Netz

www.service-bw.de

Verwaltung im Netz für Baden-Württemberg.

## Weitere frauenspezifische Adressen

www.berufstaetige-muetter.de

Leitfaden für berufstätige Mütter und solche, die es werden wollen.

www.bmfsfj.de

Hier erhalten Sie neben Informationen über Kinder und Familie auch eine Übersicht über Tageseinrichtungen zur Kinderbetreuung.

www.buk-vffr.de

Betrieblich unterstützte Kinderbetreuung (nur Rhein, Ruhr und Westfalen).

www.hausfrauenseite.de

Die Hausfrauenseite ist seit dem September 1995 online. Der Name ist eher Satire als Programm. Die Seite richtet sich an alle, die einen Haushalt am Hals haben, egal ob Mann oder Frau. Sie ermöglicht einen Erfahrungsaustausch zu allen anfallenden Themen, wie Kinder, Kochen, Körperpflege und Diäten. Die Teilnehmerinnen der Seiten beraten, diskutieren und plaudern – sog. Experten gibt es hier nicht.

www.tagesmuetter-bundesverband.de

www.u-netz.de

das virtuelle Unternehmerinnenforum – Datenbank mit von Frauen geführten Unternehmen, Netzwerke, seit 1996 Ausrichtung des Unternehmerinnentags, Marktplatz.

**Work-Life-Balance**

www.zeitzuleben.de

Zeit zu leben ist ein Onlineratgeber für alle, die sich für die Themen Erfolg, Zufriedenheit und Lebensqualität interessieren. Ob nun Infos zum Zeitmanagement, Wellnesstipps oder Kommunikationsmethoden gesucht werden oder ob Sie inspirative Geschichten oder kreative Anregungen suchen, hier finden Sie über 250 Artikel und mehr als 500 Buchrezensionen, einen wöchentlichen Newsletter, tägliche Fragen zum Selbstcoaching, Onlineworkshops und vieles mehr.

# Literatur

## Zeitschriften

Ich erwähne hier ganz bewusst nur Zeitschriften, die sich auch mit dem Thema Existenzgründung befassen. Branchenspezifische Fachliteratur finden Sie im Fachhandel.

*brand eins*

das Wirtschaftsmagazin wurde 1999 gegründet, es versteht sich als ein „Wirtschaftsmagazin, das nach den Hintergründen sucht und nach den Zusammenhängen. Wir nehmen scheinbar Vertrautes auseinander und setzen es neu zusammen, wir kreuzen Wirtschaft mit Kultur und Gesellschaft. Unser Angebot ist der Perspektivwechsel – denn neue Sichtweisen sind entscheidend für eine Wirtschaft, in der Kreativität und Wissen die wichtigsten Produktivfaktoren sind." In *brand eins* wird der derzeitige „Wandel in Wirtschaft und Gesellschaft, der Übergang vom Informations- zum Wissenszeitalter" beschrieben. *brand eins* zeigt die „Bruchstellen, die sich dabei ergeben und liefert Vorlagen, Ideen und Konzepte für alle, die diesen Wandel aktiv vorantreiben oder von ihm berührt werden" (Quelle: www.brandeins.de).

*existenzielle*

*– das online-magazin für frauen in der wirtschaft.* Es schließt die Lücke zwischen Frauen- und Wirtschaftsmagazinen und ist bundesweit das einzige Magazin im Internet für Gründerinnen und Unternehmerinnen. *existenzielle* zeigt selbstständige Frauen wie sie sind: erfolgreich und risikobewusst, ideenreich und realistisch, in großen und in kleinen Firmen, als Chefinnen und als Einzelunternehmerinnen. Aus der Forschung über Gründerinnen und Unternehmerinnen und aus Netzwerken ist bekannt: Unternehmerinnen wollen voneinander wissen und Gründerinnen von ihnen lernen. Von der *existenzielle* sollen beide profitieren. Website: www.existenzielle.de

*Impulse*

ist das führende Unternehmermagazin in Deutschland und

eine wichtige Lektüre für erfolgreiche Selbstständige, Freiberufler und Unternehmer. Website: www.impulse.de

*simplify your life*

ein Beratungsbrief von Marion und Werner Tiki
Küstenmacher, um „einfacher und glücklicher zu leben";
www.simplify.de

StartingUp

Magazin für Gründer und junge Unternehmer;
http://starting-up.de

## Broschüren

Grundsätzlich bieten alle IHKs zusätzlich zu Broschüren
auch Merkblätter zu gründungsrelevanten Themen an, die
regelmäßig aktualisiert werden.

Auch die Wirtschaftsministerien der einzelnen Bundesländer haben hilfreiche Broschüren, die Sie über die jeweilige
Website anfordern können.

Für die Freien Berufe gibt es Informationen beim Institut für
Freie Berufe, IfB, Nürnberg. Website: www.ifb-gruendung.de.

*GründerZeiten*

Informationen zur Existenzgründung und Existenzsiche-
rung, herausgegeben vom Bundesministerium für Wirtschaft und Technologie. Es gibt verschiedene Hefte mit
ganz unterschiedlichen Themen, die regelmäßig aktualisiert werden, auch ein spezielles Frauenheft, das zuletzt
im April 2008 aktualisiert wurde.

IHK-Praxisleitfaden „Kooperation von Dienstleistern"
als Download bei der IHK München.

„Starthilfe – Der erfolgreiche Weg in die Selbstständigkeit"
vom Bundesministerium für Wirtschaft und Technologie (2009).

„Existenzgründung mit System"
ein Leitfaden des Deutschen Franchise-Verbandes e.V.
http://franchise.blog.de/

### Bücher

Asgodom, Sabine: Raus aus der Komfortzone, rein in den
Erfolg, Frankfurt/M., New York 2007. Ich halte auch alle
anderen Bücher von Sabine Asgodom für sehr hilfreich
und unterstützend, nicht zuletzt, weil sie humorvoll sind.

Bleiber, Reinhard: Existenzgründung für Heilberufe, Frei-
burg 2008

Covey, Stephen R.: Der Weg zum Wesentlichen, Frankfurt/M.,
New York 2007. Ein wunderbares Buch, wenn es Ihnen
nicht nur um To-do-Listen geht, sondern um das, was in
Ihrem Leben für Sie wirklich wichtig ist.

Faltin, Günter: Kopf schlägt Kapital, München 2010

Hofert, Svenja: Praxisbuch Existenzgründung, Frankfurt 2007

Haug, Christoph V.: Erfolgreich im Team, Wiesbaden 2008,
Beck-Wirtschaftsberater im dtv

Horx, Matthias: Wie wir leben werden: Unsere Zukunft beginnt jetzt, München 2008

Lutz, Andreas: Jetzt sind Sie Unternehmer, Wien 2008

Sichtermann, Marie: Heilkunde, Therapie und Selbstständigkeit, München 2007

Sick, Helma: Wenn ich einmal reich wär – träumen ist gut,
planen ist besser. Der Finanzratgeber für Frauen, München
2007

Alle notwendigen Gesetzestexte zum Privatrecht wie etwa
BGB, HGB und das GmbH-Gesetz sowie zum Öffentlichen
Recht wie beispielsweise die Gewerbeordnung (GO) finden
Sie ebenso bei Beck-Texte im dtv wie z. B. das Einkommen-
steuergesetz oder das Wettbewerbsrecht.

## Netzwerke und Communities

www.bfbm.de
    B.F.B.M. Bundesverband der Frau im freien Beruf und
    Management e.V.
www.bpw-germany.de
    BPW Business and Professional Women
www.business-angels.de
    Business Angels Netzwerk Deutschland
www.frauenrat.de
    Deutscher Frauenrat
www.frauennetzwerk-connecta.de
www.mwf-ev.de
    Münchner Wirtschaftsforums e.V.
www.successity.de

www.textreff.de

www.vertikult.de

ein Portal für Kulturschaffende

www.webgrrls.de

www.womans.de

WOMAN's Business Club

www.xing.com

ein professionelles Business-Netzwerk

# Register

# humboldt

... bringt es auf den Punkt.

Johanna Joppe •
Christian Ganowski

## Einfach gut
## entscheiden!

**Im Beruf schnell und
sicher Lösungen finden**

**Mit vielen Fallbeispielen**

humboldt – Beruf & Karriere
200 Seiten
12,5 x 18,0 cm, Broschur
ISBN 978-3-86910-756-1
€ 9,90

Richtige Entscheidungen bestimmen über den Erfolg im Berufsleben. Wie Sie zielgerichtet und mit System entscheiden, zeigt Ihnen
dieser Ratgeber. Die Autoren beschreiben Entscheidungsprozesse
und Methoden so verständlich, dass Sie diese im Berufs- wie im
Privatleben leicht einsetzen können.

„Sich zu entscheiden, lerne man nicht in der Schule wie etwa
Rechnen oder Schreiben, wissen Johanna Joppe und Christian
Ganowski. Darum geben sie in dem Buch „Einfach gut entscheiden" hilfreiche Tipps und Ratschläge, wie man sich die Auswahl
zwischen „ja" oder „nein" in Zukunft leichter macht. Die Leiter einer
Managementberatungsfirma erklären, wie man mit Hilfe von Ent-
scheidungsprozessen und Methoden zielgerichtet und mit System
die perfekte Lösung findet." *Berliner Morgenpost*

**www.humboldt.de**          Änderungen vorbehalten.